使用者經驗的要素
THE ELEMENTS OF
USER EXPERIENCE

跨屏時代的使用者導向設計
第二版

For my wife, Rebecca Blood Garrett,
who makes all things possible.

目錄

Photo by: Colin Peck

關於作者

Jesse James Garrett 是 Adaptive Path 的 創 辦 人 之 一。Adaptive Path 是一家位於美國舊金山（San Francisco）的使用者經驗顧問公司。自從 1995 年開始，Jesse 已為各式各樣的公司諮詢和改善網站，例如 AT&T、Intel、Boeing、Motorola、Hewlett-Packard 和 National Public Radio。他在使用者經驗領域的貢獻包括創建了視覺辭典（Visual Vocabulary）——一個為了記錄資訊架構文件而建立的開放符號系統，現在仍被全球各地的組織廣泛使用。他的個人網站 www.jjg.net 是網路上提供資訊架構參考資源的最熱門站點之一，他同時也經常針對資訊架構和使用者經驗相關議題開講。

第二版　致謝

Michael Nolan 多年來一直鼓勵我寫第二版。他的堅持和創新的構想使我終於接受了他的提議。

感謝 New Riders 的 Rose Weisburd、Tracey Croom 和 Kim Scott 團隊的敦促。Nancy Davis、Charlene Will、Hilal Sala 和 Mimi Vitetta 是很大的助力。同時也感謝 Samantha Bailey 和 Karl Fast 的支持打氣。

我的妻子 Rebecca Blood Garrett 始終是我最初審閱、最後把關以及最忠實信賴的編輯、顧問和知己。

寫作時，我的背景音樂新寵這次是 Japancakes、Mono、Maserati、Tarentel、Sleeping People、Codes in the Clouds 以及 Explosions in the Sky。特別感謝 Maserati 的 Steve Scarborough 所給予的音樂建議。

第一版　致謝

別被封面上寫的作者數目給騙了—這本書聚集了眾人的智慧。

首先，我想謝謝我在 Adaptive Path 的夥伴：Lane Becker、Janice Fraser、Mike Kuniavsky、Peter Merholz、Jeffrey Veen 和 Indi Young。因為他們才讓我得以寫作本書。

接著是在 New Riders 的每一個人，特別是 Michael Nolan、Karen Whitehouse、Victoria Elzey、Deborah Hittel-Shoaf、John Rahm 和 Jake McFarland。我能順暢寫作的關鍵在於他們的指引。

Kim Scott 和 Aren Howell 以他們敏銳的眼睛關注本書的設計細節。他們給予作者的建議和無窮耐心特別值得稱許。

Molly Wright Steenson 和 David Hoffer 審視我的手稿時提供了極有價值的洞見。每一個作者都該享有如此的幸運，擁有這樣的好夥伴。

Jess McMullin 在很多方面都成了我最嚴厲的批評家，此書也托他的福而大幅改進。

還要感謝饒富經驗的作家們針對如何完成本書、不致在過程中抓狂所給的建議：Jeffrey Veen（重複唱名）、Mike Kuniavsky（對，又是你）、Steve Krug、June Cohen、Nathan Shedroff、Louis Rosenfeld、Peter Morville 和 Steven Champeon（特別點名！）。

其餘也提供金玉良言或情感支持的朋友包括 Lisa Chan、George Olsen、Christina Wodtke、Jessamyn West、Samantha Bailey、Eric Scheid、Michael Angeles、Javier Velasco、Antonio Volpon、Vuk Cosic、Thierry Goulet 和 Dennis Woudt。他們幫我照看了許多我忽略的事務，真是一群最棒的同事們！

寫作過程中的音樂伴奏來自 Man（或稱作 Astroman ？）、Pell Mell、Mermen、Dirty Three、Trans Am、Tortoise、Turing Machine、Don Caballero、Mogwai、Ui、Shadowy Men on a Shadowy Planet、Do Make Say Think 和（尤其是）Godspeed You Black Emperor。

最後，有三個成就此書的大功臣：Dinah Sanders，在一個溫暖的德州夜晚堅持我應該見見某個人；我的妻子，Rebecca Blood，她讓我每天都變得更強大和更有智慧；還有 Daniel Grassam，若沒有他的友誼、鼓勵和支持，我可能還在這領域迷航中。謝謝你們！

第二版　前言

廢話少說，直奔主題：第二版有什麼不同？

兩個版本的主要差異在於本書不再僅止於探討 Web 網站。
儘管書中大多數的例子仍舊和 Web 網站相關，但整體而言，
更關注於能夠應用到各式各樣的產品或服務的主題、概念和
原則。

這麼做有兩個原因，而且都和過去十年之間的發展有關。一
則關乎使用者經驗構成要素本身、另外則是關於使用者經驗
本身，兩者皆發生了許多變化。

這些年來，我不斷（輾轉）聽到有人將使用者經驗要素模型
應用到和 Web 無關的產品上。有時是因為網頁設計師被要
求嘗試設計行動裝置應用程式（mobile application），有時
則是某些本行原本是其他產品類別的設計師，因緣際會之
下，將要素模型融合到他們自身的工作之中。

同時，使用者經驗領域持續擴張版圖。業界實務人士現在經常提到使用者經驗的價值和影響力，早已不侷限於只應用在本書第一版時所盛行的 Web 或是「和螢幕相關的交互應用程式」。

本書第二版也採用類似的觀點。若考量模型根源的媒體，那麼 Web 仍舊是本書的支幹。但本書並不要求深刻了解 Web 如何開發出來──所以即便你不寫網站，你仍可以知道如何將這些概念應用於自己的工作之中。

話雖如此，曾讀過第一版的讀者們也甭擔心：這不是打掉重練。這只是把你所熟悉的（或甚至愛上的）要素模型修整和提煉，核心思想和哲學都仍一脈相傳。僅是細微之處有些許變動，大框架並無二異。

聽到有人將這些要素於各處付諸實踐讓我感到相當欣慰。相當期待未來的發展！

Jesse James Garrett

2010 年 11 月

第一版　前言

這不是一本《手把手教你這樣做 XX》的書籍。市面上已經存在著無數本解釋該如何建置網站的書籍。但這本不是。

這不是一本關於科技的書。封面封底之間，沒有任何一行原始碼。

這本書不是用來解答的。反倒是用來提出正確問題的。

本書將讓你建立閱讀其他相關書籍時所需的基礎知識。若你想要瞭解整體脈絡、理解使用者經驗設計師決策時的評估因子，本書十分合適。

本書以讓你能在幾小時內快速讀完的方式撰寫。若你是使用者經驗領域的新手——也許你是個負責招募使用者經驗團隊的管理者，又或者你是碰巧進入這領域的作家或是設計師，這本書將提供你所需的基礎背景知識。若你早就熟悉使用者經驗的方法和關注點，這本書能幫你更有效地與一同工作的夥伴們溝通。

寫作本書背後的小故事

因為我一直被問這個問題，所以我想何不乾脆在此公開《使用者經驗的要素》何以成書背後的故事。

1999 下半年，我成了歷史悠久的網頁設計顧問公司中第一位雇用的資訊架構師。我用了很多不同方式說明我的職責，並不停講述我做的事情可以如何和其他人的工作交織在一塊兒。起初，他們可能還十分小心翼翼和保持警覺，但很快地他們發現我能讓他們工作起來更順暢、而不是造成新的阻礙，而且，我的存在並不會減損他們的權威。

同時，我開始建立個人收藏庫，搜集和我工作內容相關的線上資源。（這最終演變為我放在 www.jjg.net/ia/ 資訊架構資源網頁上的內容。）在我研究搜羅的過程中，我一直對於任意隨機地亂用不同詞彙指稱此領域中的基本概念感到困擾。某處稱作資訊設計（information design）的東西很顯然和另一處所談的資訊架構（information architecture）混為一談。再查看另一個資料，可能發現所有東西都被歸在介面設計（interface design）之下。

1999 年末至 2000 年 1 月期間，我勉強完成了一系列關於這些關鍵議題的一致定義，並找到一種方式來表達它們彼此之間的關係。但我當時也為了工作而忙昏頭，我嘗試想要形塑的模型其實也真是行不通；於是在 1 月底前，我已經徹底打消了這個念頭。

那個三月我因為參加年度的 South by Southeast Interactive Festival 而到德州奧斯丁（Austin）旅行。那是個相當緊湊又發人深省的一週，我壓根沒睡多少覺——會議行程塞滿了白天和晚上，過沒多久整個會期就成了馬拉松。

那一週的末尾，當我走過奧斯丁機場航站，準備登機返回舊金山，一個想法突然跳進我腦中：一個三維矩陣巧妙概括所有我對這事的思考。我仍然相當有耐性地等待登機。但當我一到座位，我即刻抽出記事本然後把它畫了出來。

當我回到舊金山，我幾乎是因為感冒而立即倒下。整整一週我處於高燒譫妄的狀態。當我一感到特別清醒時，我把記事本上的草圖轉化成能整潔呈現在一張紙上的完整圖表。我稱它為「使用者經驗的要素」。之後，我聽許多人談起這名字讓人聯想到元素週期表和 Struck and White。但讓大家失望的是，當時我選定這標題時腦中完全沒有這些聯想——我從同義詞庫中選擇了「要素（elements）」來替代彆腳且聽起來很技術性的「元件（components）」。

3 月 30 日，我把成品公諸於網。（現在仍可在 www.jjg.net/ia/elements.pdf 找到這個最初的圖表）這個圖表開始獲得一些關注，最初是 Peter Merholz 和 Jeffrey Veen，他們後來變成我在 Adaptive Path 的搭擋。接著，我在史上首次訊息架構高峰會（Information Architecture Summit）和更多人交流。最終，我開始聽聞世界各地的人們分享如何使用這個圖表來教育同事，並當作他們在企業內討論這些議題時所使用的通用詞彙。

在初次發表後的一年內，《使用者經驗的要素》從我網站上被下載了超過 2 萬次。我聽到各種關於它如何被應用於大型企業或小型的網站開發團隊之中、幫助他們更有效地合作和溝通的故事。到了此時，我開始覺得用一本書來闡釋想法會比一張紙更好助益大眾。

隔年 3 月，我再次來到奧斯丁的 South by Southwest。我在此結識了 New Riders Publishing 的 Michael Nolan 並告訴他我萌生的想法。他倍感興趣，幸運的是，他老闆也深表贊同。

於是乎，一切就像有幸運女神眷顧一般，這本書就這樣到了你的手中。我希望這兒提到的想法能對你有所啟發和助益，就像我當初將它們彙整成書時所經歷的醍醐灌頂。

Jesse James Garrett

July 2002

chapter 1

使用者經驗
為何如此重要

我們和自己所使用的產品和服務始終存在著雙面刃的關係。
它們同時賦予我們能耐又讓我們受挫；它們簡化又複雜化我
們的生活；它們使我們彼此疏遠但也讓我們更加親近。但即
便我們每天都和無以數計的產品和服務互動，我們仍很容易
忘記，它們也是人造的。當它們運作良好時，創造者理應獲
得讚揚，反之，則應受到指責。

日常生活中的各種慘劇

每個人都曾經歷這樣的日子。

你完全知道我在說哪種日子：你因陽光射入窗戶而醒，然後
疑惑著為什麼鬧鐘還沒響。你查看鬧鐘，發現它指著凌晨 3
點 43 分……。趕緊爬起床找找另一個時鐘，發現現在仍有
餘裕趕上上班時間──如果你 10 分鐘之內立馬出門。

你邊跌跌撞撞地穿好衣服邊轉向咖啡機，正要伸手攫取賴以
為生的咖啡因時，卻發現壺中沒有咖啡。不行，已經沒時間
搞清楚原因了——得趕緊上班去。當你發現汽車快沒油時，
你剛離家一個街區左右。在加油站，你試圖想使用那唯一一
個接受信用卡的站點，但這次卻好巧不巧拒收你的卡。於
是，你只好走到店裡跟收銀員結帳。因為收銀員很緩慢地幫
每個比你先到的人服務，你得耐心等候這長長的人龍。接
著，一起交通事故，導致你得繞路，所以路程比預期還久。
現在得正式稟報了：即便你用盡所有的努力，你現在上班要
遲到了。最終，你總算風塵僕僕抵達了座位。你坐立難安、
疲於奔命、一身困倦——但你的一天甚至還沒開始呢。甭忘
了，你仍舊還沒喝到任何咖啡。

使用者經驗簡介

這看來就像是那些發生一連串慘劇的日子之一。但且讓我們
倒帶檢視那些事件，看得更仔細，並想想是否有任何可能避
免這些慘劇的發生。

交通事故： 事故當時駕駛人想關掉廣播、一時不察路況才造
成這起車禍。而駕駛的視線之所以非得移開路面，是因為控
制面板本身的設計，根本不可能只靠觸感就知道哪個是音量
控制鍵。

收銀機：加油站的結帳隊伍行進緩慢，因為收銀機本身十分費解。除非店員非常仔細登記每樣物品，不然他很可能會犯錯，然後一切就得重新輸入。若收銀機可以更簡單，按鈕的陳列和顏色改一下，可能根本就不會有這條等候隊伍了。

加油站：若加油站接受你的信用卡的話，你根本不需要排隊。事實上，當時你若把信用卡反向刷即可，但加油站沒有任何告示，而你又一陣匆忙，所以沒時間思考其他可能性。

咖啡機：其實當時只是因為你沒把電源鍵壓到底，所以咖啡機沒有正常運作。機器本身並無任何顯示，讓你知道它處於開啟狀態：沒有亮燈、沒有聲音、沒有觸覺反饋。你以為你已經把機器打開了，但你錯了。再來，要是你事先設定讓咖啡機總是在早晨就自動沖泡咖啡，這一切都可避免，但你從未學習如何使用那個功能——甚至，你根本不知道有這功能存在。機器前方的顯示螢幕現在還閃著預設的 12 點鐘。

鬧鐘：好，現在我們回溯到這一連串事件的起源：鬧鐘。鬧鐘之所以沒響是因為時間設定調錯了。時間設錯是因為你的貓在半夜踩到了鬧鐘，幫你順便重設了時間。（若這聽起來很不可置信，可先別笑——我花了相當驚人的時間，好不容易才找到一個不會被貓瞎攪和的鬧鐘。）只要在按鈕上做相當細微的設定就可以避免貓重設鬧鐘，你因此可以準時起床並有充裕時間——無須驚慌。

簡而言之，所有這些「壞運」都可被避免，只要當初設計產品或服務的過程中有人做了一些不同的決策。這些例子顯現了缺乏對**使用者經驗**（user experience）的認知：在真實世界中，產品為使用者所創造出的整體經驗。在產品開發過程中，人們通常很關注它能做什麼。使用者經驗是除了產品能做什麼之外、讓產品成功的方程式中很容易被忽略的另一端，卻很可能是影響產品成敗的關鍵原因。使用者經驗並非關於產品或服務運作的內部機能，而是關於整體產品外顯的運作方式，以及人們的接觸點。當人們問你某樣產品或服務用起來感覺如何時，他們其實就是在問使用者經驗。是否很難完成簡單的任務？是否毫不費力就可以學習了解？和產品互動的感覺如何？

像鬧鐘、咖啡機或是收銀機等科技產品，互動過程中通常需要按很多次按鈕。但有時候互動卻單純地僅僅只是簡單的物理機能，像是油槍在油箱加滿時會自動停止。因此，人們使用產品的每個過程都創造了一個使用者經驗：不論是書籍、番茄醬的瓶蓋、斜躺扶手椅或是羊毛衣。

對於任何一種產品或服務而言，細節都很重要。讓按鍵按下去時有個喀噠聲的反饋也許不像什麼大事，但當那個喀噠聲造成你有沒有咖啡可以喝的差異時，這就是很大的影響了！也許你會覺得何必為了設計一個按鈕如此費事，但試想看看你對一個只有某些時候能正常運作的咖啡機感覺如何？或是生產這個機器的廠商？你未來還會願意買任何這家公司的產品嗎？應該不會了吧。因此，只是一個按鈕，就能流失一個顧客。

從產品設計到使用者經驗設計

當人們想到產品設計的時候（如果真有人去想這回事的話），通常會聯想到產品美感的吸引力：一個設計良好的產品，通常外觀和質感都很恰到好處。（大多數產品並不會牽涉嗅覺和味覺。聽覺也時常被忽略，但實際上可能是形塑產品美感吸引力的重要因素。）不論跑車的流線車體或是電鑽手把的質感，產品設計"中"的美感層面絕對不容忽視。

另一個人們經常切入產品設計的角度是使用功能性的角度：一個良好設計的產品能達成承諾。一個劣等設計的產品無法達成承諾。舉凡如下：刀片鋒利但剪不斷東西的剪刀、一支充滿墨水但寫不出東西的筆、常常卡紙的印表機等等。

這些當然都是設計上的失敗。這些產品也許看起來很棒或可以運作良好，但設計產品以及其外顯的整體使用者經驗意味著要想得遠，超過僅僅只是美學上或功能上的考量。

有些負責創造產品的人可能壓根兒沒想到設計。對他們而言，創造產品的過程關鍵在於製造：穩步地構築和修正產品特點以及產品功能，直到打造出符合市場期待的產品，這才是正途。

依此而言，設計產品關注於功能性，就像某些設計師所說的「形隨機能」。若談論的是產品不會被使用者看到的內部構造，這樣的想法還蠻合理的。但若談論的是使用者看得到的產品構件──比方說哪些按鈕、顯示螢幕、標記文字等，那所謂「正確的」形式就完全不是取決於功能性了，設計反倒應該端看使用者本身的心理和行為。

使用者經驗設計通常很注意脈絡的問題。美學的設計確保了咖啡機上按鈕的形狀和質地都很吸引人。使用者經驗設計則確保這個按鈕不論美學和功能上，都和該產品其他面向適切搭配。關注的面向舉隅：「這個按鈕對於這樣重要的功能而言，會不會尺寸做得太小了？」同時，使用者經驗設計也力圖讓使用者在嘗試完成某些任務的情況時，按鈕仍能正常運作。處理的議題諸如：「以當下情況所需呈現的所有控制鍵相比，這個按鈕是否放在合適的位置上？」。

為經驗而設計：使用至上

設計產品和使用者經驗到底有啥不同？畢竟所有為人所設計的產品都有使用者，而每次一個產品被使用的時候，就有一個經驗被創造出來。試想一個相當簡單的產品像是椅子或桌子。要使用一個椅子，你就必須坐上去；要使用桌子，你就必須把其他物品放在上面。

這兩樣產品都有可能只是令人失望的經驗：比方說，若椅子無法支撐一個人的重量，或是桌子不穩。

桌椅的製造廠商通常不太會雇用使用者經驗設計師。因為在這樣簡單的產品案例中，要能創造成功的使用者經驗和產品本身的定義必定息息相關：比方說，若椅子不能坐，其實根本不算是一張椅子。

但若考量到比較複雜一點的產品，就會發現，創造成功的使用者體驗和產品本身的定義彼此獨立。電話的定義在於它能否撥打和接收來電；但實際上，單純符合這個基本定義的電話有無限種變化版本，而每個版本都傳遞了不同的使用者經驗。

產品越複雜，越難準確評估良好的使用者經驗取決於哪些面向。每個添加的產品特點、功能，或是在使用產品過程中刻意設計的每個片刻，都有可能讓經驗變得更差。現代手機和 1950 年代的桌上型電話相比有超多的功能。可見創造成功產品的過程勢必有所不同。這就是為什麼產品設計現在必須要考量到使用者經驗設計。

使用者經驗和網站

使用者經驗對於所有產品和服務都是重要的。這本書主要特別關注在某一類產品的設計：網站。（在此，我用這個詞彙指涉了兩個意涵，內容導向的網站產品和互動型的網路應用程式。）

和其他形態的產品相比，網際網路上，使用者經驗更顯重要。但接下來要談論的，是如何在網際網路世界中創造使用者經驗的這些想法，也可以延伸應用至不同領域。

網站本身是個複雜的科技,而有趣的是當人們使用複雜科技時遇到困難通常會怪罪自己。他們感覺他們勢必做錯了什麼。他們一定沒有仔細注意一些線索。他們感覺自己很笨。當然,這是不理性的反應。畢竟網站沒有照他們預期的方式運作並不一定是他們的錯。但他們還是覺得自己很愚蠢。若你的目的是要讓人們趕緊離站(或是不要使用你的產品),最有效的方式大概就是讓人們使用時覺得自己很蠢吧!

不管什麼類型的網站,幾乎每個網站本身都是自助式產品。沒有可以事先閱讀的說明手冊,沒有操作培訓,沒有任何客戶服務人員可以幫忙指引使用者一步步瞭解這個網站。使用者只能依靠自身的聰明智慧和個人經驗來摸索。

面對大量選擇,使用者只能自己想方設法找出哪個產品功能會符合所需。

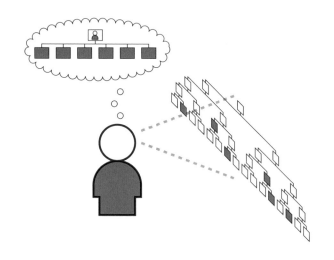

被卡在某個地方必須靠自己找出路已經夠慘了。更慘的是，大多數網站甚至沒考量到使用者會面臨這樣無助的窘境。儘管使用者經驗對於網站成功與否具有重大策略意涵，但在網站這個媒介發展的歷史進程中，「嘗試去瞭解人們到底需要和想要什麼」這樣簡單的想法，一直都不受到重視。

倘若使用者經驗當真對任何網站都如此重要，那為什麼在開發過程中這麼經常被忽略呢？那是因為很多網站在開發過程中都以為會有所謂的市場先行者優勢。也許，這在早期的網際網路世界行得通，像是 Yahoo! 奇摩這樣的網站快速吃下了後期競爭者難以追上的使用者流量。於是，各個成熟的大公司開始競逐架站，不想被大眾認為自己落後於時代。但很多時候，這類的公司僅僅將設立網站當作成就指標；但網站本身對人們到底有沒有用，通常事後才會想到。

要能和這些市場先行者競逐市場這塊大餅，競爭者經常得加入更多內容和功能，希望這樣能吸引新的顧客（或者也許有機會從激烈的競爭中偷一些顧客回來）。事實上，激烈競爭使得每個產品被添加上越來越多的功能，而這並非網際網路世界僅有的現象；從手錶到手機，盲目追加產品功能就像流行病一樣橫跨各種產品品項。

然而事實上，構建更多產品功能只是暫時的競爭優勢來源。

隨著產品功能不斷擴張，產品更形複雜。對於那些初次使用者而言，網站變得非常龐雜難用且失去吸引力，但吸引初次使用者原本應當是首要目標。更何況很多組織依然不太關注使用者到底喜歡什麼、覺得什麼是有價值的或好用的。

越來越多企業現在瞭解了，提供高品質的使用者經驗是核心且永續的競爭優勢——不只是網站，而是對所有的產品和服務皆然。使用者經驗影響了顧客對於公司的印象；使用者經驗也是和競爭者差異化的來源；使用者經驗更決定了顧客是否會回籠。

良好的使用者經驗帶來商機

也許你並沒有在網站上銷售商品。你提供的只是關於你公司的資訊。這其實像是某種資訊獨佔——人們只能從你這裡獲得所需資訊。你也許並沒有面對像是線上書店一樣的激烈競爭，但你仍然不能承擔忽視網站使用者經驗的風險。

如果你的網站主要由網站專業人士所稱的「內容」所構成——換句話說，也就是資訊。那麼你網站的主要目標之一，就是要能夠有效溝通這些資訊。光是把資訊公開是不夠的，要能夠把資訊呈現得讓人容易吸收和理解，否則使用者可能根本不會發現你正巧提供了符合他們所需的產品或服務。就算他們能找到那些資訊，很可能也會因為你的網站太難用，而形成既定印象，覺得你的公司恐怕也不太妙。

即使你的網站本身是連網、能讓人們達成特定任務（像是買機票或是處理銀行帳戶）的應用程式，有效的溝通仍然是產品成功的關鍵因素。

如果使用者無法搞清楚如何操作，那即便是世界最強大的功能，也無用武之地。

簡單來說，若使用者經驗很差，那麼使用者就根本不會回流。若人們使用你網站的感覺尚可、但你的競爭對手提供了更好的體驗，人們很可能就會湧向競爭者而不是你。產品特點和功能固然重要，但使用者經驗對於顧客忠誠度的影響遠遠勝之。你所有高深莫測的科技和品牌訴求都無法讓顧客回頭。良好的使用者經驗才有機會讓人回流──這是罕見的能夠把事情做好的第二次機會。

專注網站的使用者經驗所帶來的報酬絕不僅是顧客忠誠度。關注收益的企業很注意**資本報酬率**（return on investment，ROI）。ROI 通常用金額量化：你花的每一塊錢能夠有多少價值的回報？這就是 ROI。但是 ROI 不一定只能用貨幣形式衡量。你所需要的只是一種能夠顯示你投入的金額轉換成多少公司價值的衡量方式。

一種很常見的衡量 ROI 的方式就是**轉換率**（conversion rate）。任何能夠促使你的顧客進一步開展你們之間的關係的方式──不論是複雜到讓網站提供客製化偏好的選項、或是簡單如讓人註冊收取 e-mail，這裡面都有可以衡量的轉換率。經由記錄下多少比例的使用者轉換到下個階段，你就可以有效衡量你的網站有無達到商業目標。

轉換率是一種常見衡量使用者經驗是否有效的方式。

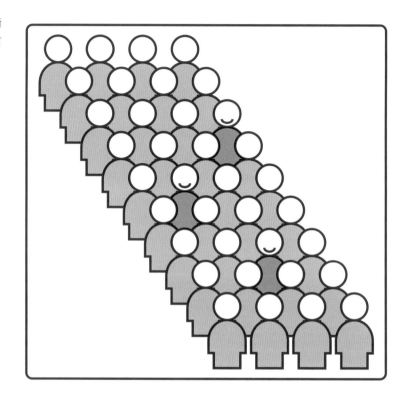

3 個註冊並訂閱郵件的用戶

÷

36 個訪客

=

8.33% 轉換率

轉換率對於商業網站更形重要。很多人瀏覽商業網站卻不購買。高品質的使用者經驗是轉換這些瀏覽網站者成為主動購買者的關鍵因素。對轉換率而言,任何微小的提升都可能帶來活躍的收益成長。

轉換率成長 0.1% 帶來收入 10% 收益成長的案例所在多有。

任何使用者有機會必須支付金錢的網站，都必須衡量轉換率，不論是賣書、貓食，或是訂閱網站本身提供的內容。轉換率比單純的銷售數字更能讓你了解投資在使用者經驗的報酬率。由於銷售數字可能會因為你沒有成功廣告周知宣傳你的網站而受影響。轉換率則是追蹤你多成功讓訪客掏錢。

即便你的網站不適合使用轉換率這類的 ROI 量測，這也不表示使用者經驗對你公司的影響會較小。不論網站是被你的顧客、商業夥伴、員工使用，網站都會對你最終收益有各種間接的影響。

也許根本沒有任何公司外的人會看到你營運的網站（假設是內部工具或是公司內部網路才看得到的話），使用者經驗仍然會造成很大的影響。常見的情況是，它會影響到一個專案是否能為組織創造價值，或是成為消耗資源的惡夢。

任何花在使用者經驗上的精力都是為了增進效率。基本形式有兩種：幫助人們更快速的工作，或是犯更少的錯誤。改善使用工具的效率會增進企業整體生產力。花在完成每項任務的時間越少，每天能做的事就更多。「時間就是金錢」，節省員工的時間可以直接轉化成幫企業省錢。

效率也不僅僅只會影響收益。人們會因為他們使用的工具直覺好用、不讓人挫敗連連或是不必要的複雜化，而更喜歡他們的工作。試想看看，如果今天是你，這類工具的好壞將讓你每天工作結束回家時心滿意足，或是，感到很挫敗甚至厭惡自己的工作……。（至少，如果你回家感到很疲倦，是為

了其他合理的原因──不只是因為你為了學習如何使用那些
工具而搞了半天。)

科技產品不照著人們
期望運作會讓人們覺
得自己很笨──即便
他們最終能夠達成自
己想做的事。

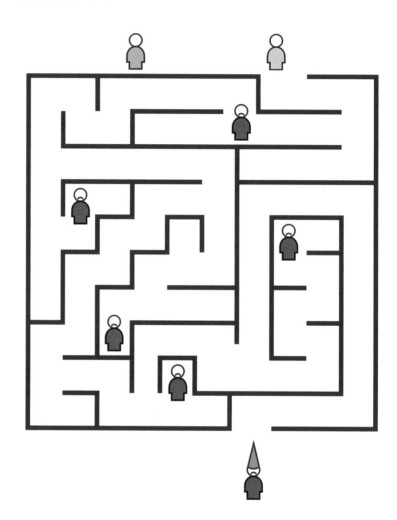

若這個人是你的員工，提供這些工具不僅會增加他們的生產力，也能增加他們的工作滿意度，並且減少員工轉職。對企業來說，可以減少招募訓練的成本，而且擁有致力於工作的員工也會使公司表現更好。

把使用者放在心上

使用者中心設計（user-centered design）就是創造能有效吸引人的使用者經驗的方法。使用者中心設計的概念非常簡單：開發產品的每一步都要考量到使用者。然而這個概念看似簡單，實際上卻令人出乎意料之外地複雜。

所有使用者經驗都應該是你深思熟慮後的結晶。實務上而言，在時間或成本的限制下，為了打造出更好的解決方案，你也許時常必須妥協。但使用者導向的設計流程確保了這些妥協不會意外發生。經由思考使用者經驗中的每個環節、從不同面向檢視，你可以確保把所有決策後可能造成的相關影響都納入考量。

你該關注使用者經驗的最大原因，就是因為對使用者而言那是重要的。若你沒有辦法提供正向的經驗，他們就不會用你的產品。而失去了使用者，你擁有的就只是個累積灰塵的網路伺服器（或是充滿產品的倉庫），閒置在那兒癡癡地等著指令送來。所以對於每個使用者，你必須要提供他們品質一致、操作直覺和令人享受的體驗——不論他們的一天過得如何，所有事情都依然如預期運作。

chapter **2**

認識構成要素

使用者經驗設計流程主要是為了確保產品的互動體驗中，每個面向都是你有意識的安排。這意味著你考慮到了每個使用者可能進行的互動和了解使用者對流程中每個步驟的預期。聽起來工程浩大，但實際上也是。只要把打造使用者經驗這件事分解成其組成要素來看待，就可以更全面理解每個任務的整體脈絡。

五個層面

大多數人在某些時刻都用網路購買過實體商品。每一次這類的經驗都差不多：抵達網站，找到想要的品項（也許是用搜尋引擎或是瀏覽商品目錄），在站上輸入信用卡號和地址，接著網站回覆確認商品將會出貨。

這簡潔和有條不紊的經驗事實上經歷了一連串有小有大的決策，關於這個網站該長得怎樣、如何運作，以及允許使用者在網站上做什麼。這些決策構築在彼此之上，影響使用者經驗的所有面向。如果我們把經驗拆解成不同層面，我們將可開始理解如何做這些決定。

表面層（surface）

表面上，你會看到一連串由圖片和文字組成的網頁。你可以點擊其中某些圖片，執行某些功能，例如：前往購物車。某些圖片只是單純的插圖，像是待售產品或是網站商標（logo）的圖片。

框架層（skeleton）

在表層之下是網站的**框架**層：按鈕、控制鍵、圖片和文字區塊的配置。設計框架是為了能最適化配置這些元素達成最大的效果和效率——如此一來，你才會記得網站的商標，並且在需要的時候可以找到購物車的按鈕。

結構層（structure）

框架是抽象網站**結構**的具體呈現。框架可能會界定出結帳頁面上的介面元素如何配置；結構則是定義出使用者如何抵達該頁面，動作完成後又該往哪去。框架處理的是怎麼配置導覽元素讓使用者可以瀏覽產品類別；結構則定義那些類別是什麼。

範圍層（scope）

結構關注的是，網站中不同的特點和功能如何合適地相互搭配。網站的**範圍**則決定該納入哪些產品特點和功能。舉例來說，某些商業網站讓使用者可以儲存之前用過的送貨地址，方便之後再次使用。這個產品特點是否該被納入網站中，就是範圍層的考量。

策略層（strategy）

網站**策略**會決定範圍層。策略同時兼容網站運營者和使用者的需求。就像是網路商店的例子，有些策略目標是相當明顯的：使用者想要購買產品，而我們想要銷售。其他目標——像是廣告的角色，或是使用者產製內容在商業模型中的運用，則也許不那麼容易闡述。

由下往上建設

這五個構面——策略、範圍、結構、框架和表面層，可用來作為談論使用者經驗相關問題時的概念架構，以及用來解決問題的工具。

移轉於每個層面，會發現我們必須處理的議題越來越不抽象、愈發具體。在最底層，我們根本不關心網站最終的長相、產品或服務——我們唯一關心的，就是網站是否符合整體的策略（同時符合使用者需求）。在最高的層面，我們只關心最具體的產品外觀上的細節。一層一層往上，我們要做的決定更加明確、也更關乎執行細節。

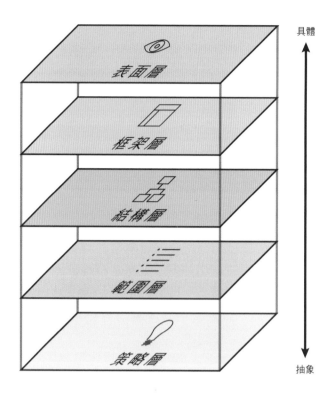

每個層面都依賴於其下的層面。所以，表面層依賴於框架層，框架層又建立於結構層之上，結構層依據範圍層所規範，範圍層則是策略層所劃立。當我們做的決定和上下層不相符，專案脫軌、截止日延期，成本也會因為開發團隊試圖把這些本質上不相容的元件拼湊起來而一飛沖天。更糟的是，產品最終上市的時候，使用者恨死它了，因為它壓根不是一個令人滿意的經驗。這個互賴性意味著策略層的決定會因為「漣漪效應（ripple effect）」，連鎖反應影響到最上層。同時也意味著，每一層我們能運用的選項將受限於該層之下我們所做的決策。

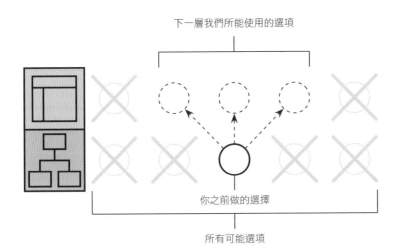

下一層我們所能使用的選項

你之前做的選擇

所有可能選項

你在每一層所做的選擇會影響到下一層能做的選擇。

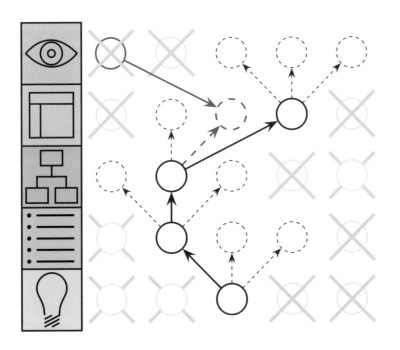

漣漪效應代表著上層若選擇「超出範圍」的選項，就必須重新審視下層的決策。

然而這並不表示，進行上層決策的時候必須先處理好所有下層的選擇。互賴性是雙向的，當做了某些上層的決定會強迫重新評估（或是第一次評估）下層的議題。在每個層面，我們的決策必須考量競爭狀況、產業最佳實踐、我們對使用者的理解還有行之有年的慣例常識。這些決定的漣漪效應是雙向的。

要求先通盤**結束**考量一個層面，然後再**開始**著手處理下一個層面，會產出令人失望的成果。

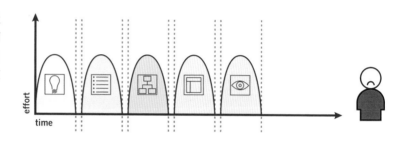

比較好的做法是在下一層的事務都處理**完成**之前，把上一層的事務先全部**完成**。

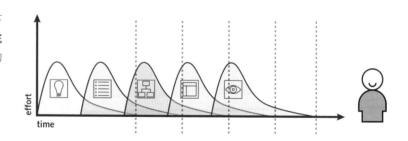

如果你認為在進行更高層面的決策之前，低層次的所有決定都已經僵固而無法變動，你幾乎鐵定會把專案時程——還有最終產品的成敗，砸鍋。

取而代之更好的做法是，規劃專案時應該要讓任何一個層面的事務無法在更低層面的工作處理完成以前結束。在你知道房子地基的形狀之前，不要輕易建設房子的屋頂。

本質上的二元分立

當然，使用者經驗絕不僅只這五個要素，而且就像任何專業領域一樣，這個領域也仍在發展自己的專業語彙。對於初入此領域的人而言，使用者經驗可能看似十分複雜。這些看來十分相似的詞語被抽換使用：互動設計、資訊設計、資訊架構。這些詞彙到底代表什麼？它們真的有任何指涉意涵嗎？還是它們也只是沒意義的產品熱門詞而已？

事情還更加複雜呢！人們會以不同的方式使用這些相同的詞彙。有人可能用「資訊設計」指稱其他人理解成「資訊架構」的東西。而且到底「介面設計」和「互動設計」之間的區別是什麼？真有任何差別嗎？

當網際網路萌發時，一切都關乎資訊。人們創建文件，然後把文件彼此相連。Tim Berners-Lee，網路之父，一開始創建網路，是為了方便全球高能量物理研究社群分享新知。他也明瞭網路潛力遠不及此，但當時很少人看出這點。

起初，人們把網路當成一個新的出版媒介，但當科技遞進、網路瀏覽器和網路伺服器有更多特點後，網路功能更強了。當網路開始在更大的網路社群中普及，它發展出更複雜和強大的功能集，使得網站不只能傳遞資訊，更進而可以搜集和操縱。因此，網路變得更有互動性，建立在使用者和傳統桌面應用程式的基礎之上。

網路開始朝向商業應用發展，各種用途出爐，像是電子商務、社群媒體和金融服務。同時，網路作為一個出版媒介也持續茁壯，無數的新聞和雜誌網站伴隨著網路部落格和電子雜誌（e-zine）的浪潮湧現。科技在浪頭上持續演進，各類型網站從靜態資訊呈現轉型成依據動態資料庫更新的網站。

當網路使用者經驗社群開始成形，成員們講述兩種不同的語言。一群人切入角度是應用程式設計的問題，然後從傳統桌面以及主機軟體世界中援引解決問題的方式。（這些方法根源於創造所有產品的常見作法，諸如汽車或跑鞋。）另一群人則把網路看作是資訊分配以及取得的問題，因此從傳統出版、媒體和資訊科學中取經。

此分歧成了絆腳石。由於社群對基本術語沒有定論，很難有所進展。而事實上，多數網站無法被簡單劃分為功能型應用或是資訊來源，而大多像是混合型態兼容兩種特質，更加攪亂一池春水。

為了呈現網路本質上基本的二元分立，我們把五個層面從中劃分。我們把網路看作是**功能型平台**（functionality）的元素放左邊，然後把網路當作**資訊媒介**（information medium）的元素放右邊。

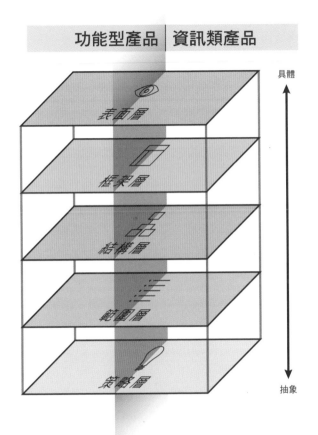

以功能角度而言，我們最關心的就是**任務**（tasks）——流程當中的一連串步驟以及人們如何完成它們。以此觀之，我們把產品視為使用者用來達成一個或多個任務的（一系列的）工具。

相對而言，若我們關注這個產品所提供的**資訊**（information）以及其對使用者的意涵。創造饒富資訊的使用者經驗，亦即幫助人們尋找、吸收和瞭解我們所提供的資訊。

使用者經驗的要素

現在我們可以把這堆令人困惑的術語和模型對應上了。藉由把每個層面分解成構成要素，我們可以更仔細檢視這些片段如何拼湊成整體的使用者經驗。

策略層

不論是功能性導向產品或是資訊導向資源，都有相同的策略疑慮。對於網站而言，**使用者需求**是網站的目標，卻來自於公司組織之外——更精準的說，是來自那些會使用我們網站的人們。因此，我們必須了解受眾到底要從我們這兒獲得什麼，以及他們的所得又該如何和他們的其他目標相互搭配。

權衡考慮使用者需求是網站的重要目標。這些**產品目標**（product objectives）可能是商業目標（「今年網站通路的銷售額要達到一百萬」）或其他類型的目標（「告知投票者下次選舉候選人人選」）。第三章我們會更仔細探討這些元素。

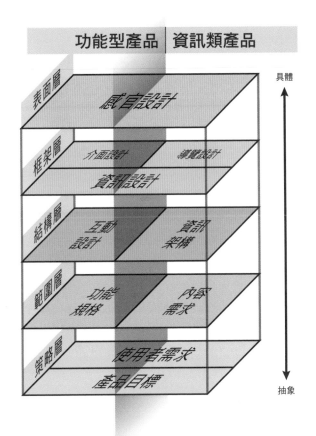

範圍層

由功能角度而言，策略轉譯到範圍層時，必須寫明**功能規格**（functional specifications）：也就是產品功能集（feature set）的詳細說明。而從資訊角度而言，範圍層就是指**內容需求**（content requirements）：描述必須要有哪些不同的內容要件。第四章會講述這些內容。

結構層

以功能角度而言，範圍層到結構層的轉換是透過**互動設計**（interaction design）來定義系統該如何回應使用者。而從資訊資源的角度，結構層就是**資訊架構**（information architecture）：以促進人們理解的方式安排內容。這在第五章會探討細節。

框架層

框架層可被劃分為三個部分：不論從資訊或功能角度，都必須**資訊設計**（information design）：以幫助用戶理解內容的方式呈現資訊。對於功能導向的產品，框架同時也包含使用者**介面設計**（interface design），也就是要安排好能讓使用者和系統的功能互動的介面元素。由資訊資源的角度來看，介面就是**導覽設計**（navigation design）：讓使用者可以在資訊架構中穿梭的螢幕元素的組合。這些在第六章框架層會談更多。

表面層

終於，抵達表面。不論處理的是功能導向的產品或是資訊資源，我們都必須想到：最終產品所創造的**感官體驗**（sensory experience）。這比聽起來複雜得多，你可以在第七章找到所有相關內容。

如何應用要素

這個模型乾淨劃分成方正的盒型空間和平面，方便思考使用者經驗相關問題。當然，現實生活中，要劃分這些區域的界線不是那麼明確。很多時候，甚至很難拿捏針對特定的使用者經驗問題，到底應該比較重視這個元素、還是另外一個？是否視覺外觀的小改變就足夠了，還是底層的導覽設計也要重新連結？有些問題需要同時關注好幾個面向，但有些似乎就正巧橫跨在這個模型所界定的邊界上。

很少有產品或服務這麼絕對地落於此模型中界定的兩方之一。每個層面中的要素都必須彼此配適以達成該層的目標。元素間緊密相互作用，因此非常難區分你對單一元素的決策所造成的影響。舉例而言，資訊設計、導覽設計以及介面設計合起來，就是產品的架構。在每個層面上的所有元素都共通形塑整體的使用者經驗——此例中，亦即產品的架構，即便可能透過不同的方式。

組織中授權處理使用者經驗議題的方式，通常讓事情更複雜化。在某些組織中，你會發現人們的職稱有諸如資訊架構師、介面設計師。但可別搞錯，這些人們基本上都有能力拓及處理更多使用者經驗要素，不會被職稱的專業性而侷限。團隊中不見得要每個面向都有一個專業人員負責；你只需要確保至少有人會花些時間想過這些相關議題。

還有兩個額外因素會影響最終的使用者經驗，但在此無法詳述。第一個就是**內容**（content）。前人有云（嗯，網路剛開始的時候吧），網路世界中「內容為王」。這絕對是對的——大多網站能提供給使用者最重要的東西，就是使用者覺得有價值的內容。

使用者不太會為了體驗導覽的樂趣而拜訪網站。你可以獲取的內容（或是你有資訊得到和管理的內容）在你的網站中扮演舉足輕重的角色。以網路商店而言，我們可能會判斷要讓使用者可以看到所有銷售書籍的封面圖片。若能得到這些圖片，我們有方法幫他們編目分類、追蹤紀錄並且時常更新嗎？若我們根本無法取得書籍封面圖片怎麼辦？這些內容問題對於使用者在網站上的最終體驗非常重要。

其次，**科技**（technology）就像內容一樣，對建立成功的使用者經驗而言，相當重要。很多時候，你所能提供給使用者的體驗，基本上受制於科技本身。在早期的網路世界，把網站連接到資料庫的工具相當原始和受限。然而，當科技演進，資料庫廣泛運用於網站開發。而這也導致更加細緻處理和經營使用者經驗的方法，像是針對使用者在網站中何處而相應變化的動態導航系統。科技總是在改變，而使用者經驗領域也相對必須跟上。雖然如此，基本的使用者經驗要素仍始終不變。

雖然我發展的要素模型主要根基為網站，但接著它廣泛應用於各種產品和服務。若你在網際網路業工作，本書所提到的都很適合你。若你工作和其他科技產品相關，你會看到並行不悖的相似想法。甚至，你可能根本不是在做科技相關的產品或服務，仍舊可以把這些概念應用在你的流程之中。

本書其餘部分會一層一層細細檢視這些要素。我們會更細緻討論常用來處理各要素的工具和技巧。一路上，我們將看到這些要素仍能適用於討論根本不是網站的產品。我們還會發現每個層面中要素之間的共通、相異之處，以及它們之間如何相互整合成完整的使用者經驗。

chapter 3

策略層

產品目標和使用者需求

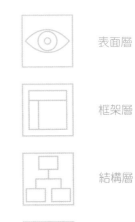

表面層

框架層

結構層

範圍層

成功的使用者經驗，其根基是清晰陳述的策略。同時明白組織和使用者雙方的目標，有助使用者經驗各方面的決策。但如何回答這些看似簡單的問題，實屬不易。

策略層

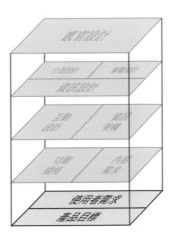

策略層的定義

網站失敗的最常見原因通常不在技術，而是因為在第一行代碼寫下之前、第一個像素繪製以前、或是任何伺服器架設以前，大家都懶得去回答兩個基本問題：

▶ 我們要從這個產品得到什麼？

▶ 我們的使用者想要從這個網站獲得什麼？

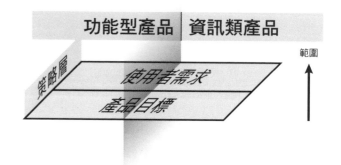

為了回答第一個問題，我們從組織內部需要討論出**產品目標**（product objectives）為何。第二個問題則是處理**使用者需求**（user needs），這是來自企業外部的目標。很神奇的是，許多使用者經驗專案通常一開始都沒有清晰和明確的理解其根本策略。

重點是要夠明確。我們越能夠講清楚我們需要什麼，還有其他人想要從我們這邊得到什麼，越能夠權衡輕重達成目標。

產品目標

要讓我們策略更明確的第一步，就是要檢視我們自身產品或服務的目標。因為產品目標經常只存在於做產品那些人的心中。要是一直沒講清楚，每個人對產品要達成什麼都會有不同的想法。

商業目標

人們通常用商業目標或商業誘因來描述內部策略目標。我接著會使用產品目標這個詞，因為其他詞彙不是太廣就是太窄：太窄，因為不是每個內部目標都是商業目標（畢竟不是所有組織都有相同的商業目標）；太廣，因為我們最在意的是用最精確的詞彙去描繪我們期待產品能達成什麼，而不管其餘商業活動。

大多數人起初用比較廣泛的詞彙描述他們的產品。網站通常有兩個基本目標：幫公司賺錢或省錢。有時兩者皆然。但到底該如何達成目標並不是十分清楚。

另一方面，有時太精確的目標也無法適當表達該議題的策略考量。舉例而言，寫明你的目標之一是「提供使用者一個即時文字溝通工具」，並無法解釋為什麼這樣的工具能夠推進你組織的目標，或是為什麼它能夠滿足使用者的需求。

要在太具體和太廣泛之間取得適當的平衡，我們就得避免全面了解問題之前就妄下結論。做決定前，我們得確認我們深刻考量過其後果，才能創造成功的使用者經驗。明確界定成功的條件為何——但不要限制抵達的路徑，我們才不會囿於成見。

品牌識別

形塑任何產品目標前的重要考量之一，就是品牌識別。當大多數人看到品牌這個字眼，我們會想到商標、色調和字體。雖然這些品牌的視覺層面確實重要（我們將在第七章表面層再仔細說明），品牌這個概念遠遠不僅只是視覺層面。品牌識別——一系列概念的聯想或是情緒反應，重要在於它是人們絕對會先注意的事。在使用者的心中，對於你的組織的印象無可避免地和他們與你產品之間的互動息息相關。

你可以決定這個印象是無形中形成，或是經由你精心設計產品所導致的結果。大多數企業選擇對品牌形象施加一些控制，這就是為什麼傳達品牌識別是很常見的產品目標。品牌不只影響商業實體，每個有網站的組織，不論是非營利組織或政府機關，都經由使用者經驗創造了一個形象。透過把抽象形象編寫成明確的目標，將可提高創造正面形象的機會。

成效指標

比賽都有終點。訂定目標時，其中一個重要部份，就在於要知道何時已經達標。

這些就是所謂的**成效指標**（success metrics）：產品發表後，我們用來追蹤查看產品是否達成我們的目標和使用者需求的指標。定義好的成效指標不只影響專案期間所做的決定；能夠達成這些指標也是使用者經驗能帶來價值的具體證據，特別當你正要申請你下一個使用者經驗的專案預算，卻發現審核者心生懷疑時。

有時候，這些指標和產品自身以及它如何被使用相關。平均而言，每個使用者每次拜訪時花多少時間在你的網站上？（數據分析工具可以幫助你確定這些）如果你想要鼓勵你的使用者覺得網站很舒適、值得逗留，然後探索你所提供的功能，你會想要查看每次訪問時間的增加。另一方面，如果你想要提供快速、進站找到所需資訊然後出站的功能，你可能會想減少每次的訪問時間。

成效指標是評估使用者經驗如何有效達成策略目標的具體指標。此例中,衡量每個註冊的用戶每個月訪問網站的次數,代表了這個網站對於其核心觀眾多有價值。

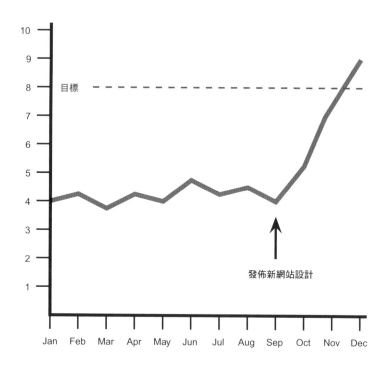

每月拜訪次數(僅載錄已註冊用戶)

對於依賴廣告收入的網站而言,曝光次數(impressions)(一個廣告每天在受眾前出現的次數)是個非常重要的指標。但你必須小心權衡你的目標和使用者的需求。在首頁和使用者想要的內容之間加入很多層的導航頁面,絕對會增加你的廣告曝光次數,但這有幫助你的使用者嗎?大概沒有吧。長期而言,這樣的取捨也會顯現後果:當你的使用者十分受挫而且不想返站時,你的廣告曝光次數就會從升勢下跌,而且很可能比原先跌得更低。

並非所有成效指標都必須直接從網站評估。你也可以衡量網站的間接效果。如果你的網站提供使用者產品常見的疑難解答，那麼你的客戶服務專線的來電數量應該對應減少。一個有效的內部網站可以讓銷售人員能簡便獲得所需的工具和資源，有效縮短其工作時間，進而轉化成收益的增加。

若要讓成效指標能有意義地引導使用者經驗的決策，這些指標就必須清楚地和能夠被我們的設計決定影響的使用者行為連結。當然，網站改版後，線上交易的每日營收躍升至百分之四十，這很容易看出因果關係。但對於比較長期的改變，就比較難判定這樣的變化是源自於使用者經驗或其他因素。

舉例而言，你的網站的使用者經驗並無法為網站帶來新使用者——你必須依賴口碑或是行銷來拓廣使用群體。但使用者經驗很深刻影響了那些訪問者是否會回訪。衡量回訪率可以是評估你是否達成使用者需求很好的一種方式，但也要小心：有時候，那些用戶不回訪是因為你的競爭者展開了一波兇猛的廣告攻勢，又或是因為你的公司最近有些負面新聞。若只是單純的評估任何一個單一指標，其結果很可能有所偏誤；記得要退一步，想想網站之外的其他面向，才能確定你是否有搞清楚事情的全貌。

使用者需求

我們思考時很容易落入陷阱，那就是我們的產品或服務僅為一個理想的使用者而設計——某個完全跟我們很相似的人。但我們不是設計給我們自己；我們是設計給別人用的，倘若我們要讓別人能夠喜歡和使用我們所創造的東西，我們得理解那些人到底是誰還有他們需要什麼。藉由花時間研究那些需求，我們可以跳脫自己受限的觀點，然後從使用者的角度出發設想。

因為使用者是如此的多元，因此要找出使用者需求是困難的。就算我們單純只是要建造一個僅供組織內部使用的網站，我們仍必須處理各式不同的需求。如果我們要寫一個給消費者使用的移動型應用程式 app，那需要考量的各種可能性劇增。

為了要追根究柢了解那些需求，我們必須定義到底我們的使用者是誰。一旦我們知道我們要鎖定誰，我們就可以好好研究他們——換句話說，問他們問題和觀察他們的行為。這種研究可以幫助我們，定義和釐清人們使用我們產品的時候到底需要什麼的優先次序。

使用者區隔

我們可以把不同的使用者需求經由**使用者區隔**（user segments）劃分成易於管理的群體。把鎖定的受眾分隔成更小的、共享某些特徵的使用者所組成的小群體。有多少使用者類別就意味著有多少種方式可以區隔使用者，但這邊我們會帶過最常見的幾種方式。

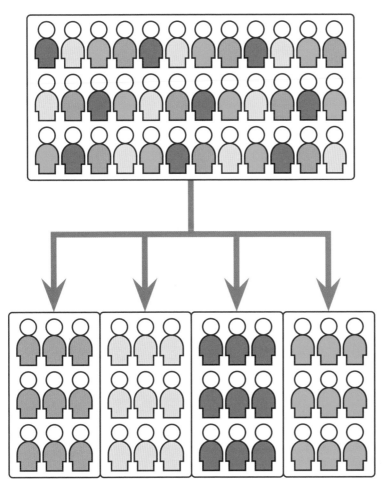

使用者區隔可以把整個使用者族群區分成具有共享需求的小群體，幫助我們更深刻了解使用者需求。

市場調查研究員通常根據**人口統計變項**（demographic）區隔使用者：性別、年齡、教育水平、婚姻狀態、收入等。這些人口統計的概況可能粗略（男性，18 到 49 歲）也可能相當精準（未婚，大學畢業女性，25-34 歲，年薪 5 萬以上）。

人口統計變項不是你能夠檢視使用者的唯一方式。**心理變項**（psychographic）描述使用者對於整個世界或是網站特定議題的態度和感知。心理變項通常和人口統計變項高度相關：人們若處於同樣的年齡區段、地點和薪資水平則通常會對事物抱持相似的態度。話雖這麼說，但人口統計變項相似的人們卻有截然不同的看待世界的方式，以及處世之道也所在多有。（只要想想那些跟你的高中同窗們）這就是為什麼心理變項有時能帶給你人口統計變項所無法涵蓋的更多洞見。

建造網站或是任何其他科技產品時，可別忘了：使用者本身對於網路和科技的態度也要納入考量。你的用戶群到底每週使用網路多久？科技是否是他們生活的一部分？他們喜歡使用科技產品嗎？他們總是用著最新最好的產品、還是他們只在必要時才會汰舊換新？科技恐懼症和熟練科技的人使用起網站可是截然不同，我們的設計必須要能兼顧兩者。若能想想上述問題的答案，將可以幫助我們設計出能適用兩者的解決方法。

除了了解我們用戶群對於科技的熟悉度以及自在程度之外，我們也必須了解他們到底對於我們網站的主題了解多少以及多深。賣廚具給初入廚房者跟賣給專業廚師鐵定是不同的。同樣地，設計股票交易應用程式給股市菜鳥或是給老鳥使用，想必也會有不同的方式。這些經驗和專業上的差異會形成區隔使用族群的基準。

人們使用資訊的方式常常和他們的社會或專業角色相關。申請大學的學生家長的資訊需求，和申請學生本身是不同的。辨識出你的產品使用者的不同角色，能幫助你區辨和分析他們不同的需求。

當你已研究過使用族群，你可能會需要調整你鎖定的顧客區隔。舉例來說，你研究的可能是 25-34 歲的女性大學畢業生，但過程中你可能發現 30-34 歲和 25-29 歲兩者的需求大相逕庭。若這樣的差異夠顯著，你可能會想要把她們區分開來，而不是用一開始設定的 25-34 歲的群體。另一方面，要是 18-24 歲跟 25-34 歲兩個族群相當相似，那何不把他們合併。創造使用者區隔只是達到發覺使用者需求的一種方式。你真正需要的，是足夠區分顯著使用者需求的使用者區隔。

創建使用者區隔，還有一個重要原因：不只是不同使用者群體會有不同需求，有時候那些需求甚至彼此相斥。就像之前股票交易應用程式的例子。新手可能需要一個把整個過程拆解成一連串簡單步驟的應用程式。但對於專家來說，這樣的步驟甚至會變成阻礙。專家需要的是能夠快速使用各種功能的統一介面。

顯而易見地，我們不能用單一解決方案滿足兩類使用者需求。此時我們的選項有：聚焦在其一使用者區隔、先不管另一個，或是提供兩種不同的方式讓使用者可以進行相同的任務。不論哪個選項，這樣的策略取捨也會影響到所有其餘我們所做的、和使用者經驗有關的決策。

使用性和使用者研究

我們必須先對使用者是誰有個粗略的概念，才能了解他們需要什麼。**使用者研究**（user research）這個領域致力於蒐集相關資料已發展對使用者的理解。

有些研究工具──像是問卷、訪談或是焦點團體，最適合於蒐集用戶的普遍態度和看法。其他的研究工具──像是使用性測試或是田野調查，則適用於深入瞭解跟產品之間的互動以及使用行為中的特定層面。

普遍而言，對於個別使用者花越多時間，越能從這樣的研究中獲得更多細節。不過對於每個使用者花費的額外時間，當然也意味著你無法在這個研究時程中納入更多的使用者（因為終究你的產品或服務會有個預計上市的日期）。

市場研究方法（market research methods）例如問卷和焦點團體，可能是獲取關於使用者概略資訊的來源。當你越清楚陳述你想要獲得怎樣的資訊，這些方法就越有效。比方說，你想要找出你的使用者使用產品特定功能時用來幹嘛？或是，你早就知道他們拿來幹嘛，但你想要知道他們為什麼會這樣做？你越能清楚描述你想要的資訊，那麼你越能有效且精準的形塑你想問的問題，這樣便能確保獲得正確的資訊。

脈絡訪查（contextual inquiry）指的是一套最有效和最全面
能夠了解使用者每天日常生活脈絡的工具（因此得名），源
自於人類學家用來鑽研整體文化和社會的方法。雖然用來檢
視的方法類同，但不同之處在於脈絡訪查應用在較小的規模
上。舉例來說，用來觀察一個遊牧族群如何運作的方法，也
能被用來檢視人們是如何購買飛機零件。脈絡訪查的唯一缺
點在於太過耗時且非常昂貴。如果你有足夠、而且你的問題
需要深入了解你的用戶，一個全面的脈絡訪查能夠揭示其他
方法所無法覺察到的細微的使用者行為差異。

其他有些脈絡方法輕巧且不會太貴，儘管取捨也就在於他
們也許不會像全面的脈絡訪查研究那樣地產出深入的洞
見。一個跟脈絡訪查高度相關的方法叫做**任務分析**（task
analysis）。任務分析的想法在於每個使用者跟產品的互動是
為了要達成某些任務。有時候任務相當聚焦（像是買電影
票），有時候則比較廣（比方說學習國際貿易規定）。任務
分析將仔細檢驗使用者為了達成這些任務所必須經歷的每一
個步驟。這樣的檢驗可以經由訪談、讓使用者自己告訴你
他們的經驗，或是直接田野觀察，在任務現場研究使用者的
行為。

使用者測試（user testing）是使用者研究最常被應用的形式。
使用者測試的目的不在於測試你的使用者；而是讓使用者來
測試你的產物。有時候，使用者測試有時是為了準備產品的
改版或是在產品正式上市前抓出使用性問題，而針對成品測
試。但有時使用者也可能測試正在建設中的半成品，或甚至
粗略的產品原型。

如果你曾經看過一些關於網頁設計的書籍文章，那你大概曉得使用性（usability）這個概念。這個字對不同的人而言，有不同的含義。有些人用它來指稱針對代表性用戶測試設計；有些人則用以表示採用一種非常特定的發展方法論。

每個跟使用性有關的方法，都試圖要讓產品變得更容易使用。許多不同的定義和原則都是為了建構出可用的網站設計規範。其中有些概念彼此共通。但它們的核心都有一個相同的原則：使用者需要可用的產品。

針對一個建置完整的網站做測試，範圍可大可小。就問卷或焦點團體而言，最好在跟使用者坐下來面對面之前，就已經非常清楚想要調查什麼了。當然，這並非意味著使用者測試必須嚴格侷限在評估使用者如何成功地達成一個定義非常嚴謹的任務。使用者測試也可以研究更廣泛、尚未十分具體的問題。舉例而言，使用者測試可以用來找出調整設計是否能強化或削弱公司的品牌訊息。

使用者測試的另一個途徑是讓使用者試用原型，並可以用各種形式呈現，比方說粗略的素描、包含簡單介面設計的低擬真度視覺稿、能夠點擊的高擬真產品原型等。大規模的專案在不同階段運用不同種類的原型，以便在整個設計過程中蒐集到使用者的想法。

有時候使用者測試根本不需要網站本身。可以招募使用者
進行幾個不同的活動，只要能幫助洞察使用者會如何看待
和使用你的網站。對於資訊導向的網站，**卡片分類法**（card
sorting）能用來探索使用者如何把資訊元素分類成不同群
組。首先發給使用者一疊索引卡，每張上面會有資訊元素內
容或其類型的名稱、描述或圖片。使用者接著可以把卡片依
照自己覺得最自然直覺的方式分組。分析不同使用者卡片分
類的結果，可以幫助我們瞭解他們如何思考我們網站所提供
的資訊。

創造人物誌

蒐集關於你用戶的各種資料是非常有用的，但有時也得注意
不要沉浸在統計數據中而見樹不見林。把使用者轉換成**人
物誌**（persona）（亦稱做用戶模型 user model，或用戶檔案
user profile）有時更能具象化。人物誌基本上就是一個想像
出來的角色，特別建構出來代表一群真實用戶的需求。經由
把從使用者研究和使用者區隔中得知的片段資訊切分、賦予
其人名以及人臉，便成了人物誌。這能幫助你在設計過程中
維持把使用者放在心上的習慣。

來看看一個實例吧！假設我們的網站是設計用來提供給那些
剛準備創業的人們一些相關資訊。經由初步研究，我們知道
年齡層落在 30-45 歲，大多數對於使用網路和科技會感到頗
自在。其中有些人在商場上已經有許多經歷；但對有些人而
言，這可能是他們第一次接觸企業營運的各種面向。

在此案例中，區隔成兩個人物誌算頗合適的。我們把第一個人物誌命名為 Janet，現年 42 歲、已婚，有兩個小孩。在過去幾年，她在一個大型會計師事務所擔任副總裁。她漸漸對於為其他人工作倍感挫折，所以想要創立自己的公司。

第二個人物誌是 Frank，已婚、有一個小孩。多年來，Frank 的假日嗜好都是木工。他的一些朋友對於他所製作的家具讚不絕口，所以他在考慮是否該認真考慮賣他的作品盈利、變為一個事業。他不十分確定是否該辭掉他擔任校車司機的工作，以便能專心創業。

這麼多資訊都是從哪兒來的？嗯，事實上，大多數是我們編造的。當然，我們想要人物誌能夠確實反映我們的研究所得，但有些特定的細節仍然必須靠點想像力，才能把它們變得栩栩如生，有如活生生站在我們眼前的真實用戶。

Janet 和 Frank 代表了我們設計網站使用者經驗相關決策時所必須考量的使用者需求。為了幫助我們記住他們和他們的需求，可以用一些庫存照片來讓 Frank 和 Janet 的形象更鮮明，並將他們的相關訊息羅列於旁。接著可以把這些用戶檔案印出來貼在辦公室四周，那麼我們在做決定時就可以問問自己（還有其他人）：「這樣做對 Janet 好嗎？ Frank 又會怎麼反應？」這些人物誌幫助我們能在進行每個步驟時，都時時能為使用者著想。

珍妮特

"我沒時間瀏覽一堆資訊。
我需要快速找到答案。"

珍妮特對於在大型企業組織中工作感到挫敗，
想要創建自己的會計師事務所。

年齡：42
職業：會計師事務所副總裁
家庭：已婚，兩個孩子
家庭年收入：$180,000 USD

科技能力：變熟悉科技產品；使用 Dell 筆記型電腦
（大約一年）和 Windows 系統；5Mbit 的網路速度；
每週使用網路瀏覽 15-20 小時
網路使用狀況：75% 在家；新聞資訊或購物

Favorite sites:

WSJ.com

Salon.com

Travelocity.com

在設計使用者經驗的
過程中，人物誌是從
使用者研究中萃取出
來、當作樣本範例的
虛構人物。

法蘭克

"這東西對我是嶄新的嘗試。
我想要可以解釋清楚事理的網站。"

法蘭克很想學習如何把自己做傢俱的嗜好
發展成一門生意。

年齡：37
職業：校車司機
家庭：已婚，一個孩子
家庭年收入：$60,000 USD

科技能力：對新科技有點不太自在；使用 Apple iMac
（大約兩年）；DSL 網路連線；
每週使用網路瀏覽 8-10 小時
網路使用狀況：100% 在家；娛樂或購物

Favorite sites:

ESPN.com

moviefone.com

eBay.com

團隊角色和流程

策略問題會影響到參與使用者經驗設計過程中的每一份子。即使如此（或正是因為如此），誰要負責明確訂立這些目標備受議論。顧問公司有時會為客戶專案指定分析師（strategists）負責這類問題——但因為聘請這類少數的專家通常非常昂貴，而且他們又不直接負責構建產品本身的任何一部份，所以這項支出通常是第一個被裁減的專案預算項目。

分析師會跟組織中的許多人談話，以便盡可能蒐集對於產品目標和使用者需求的不同看法。**利害關係人**（stakeholders）指的是那些資深決策者，負責管理那些會被最終產品策略方向影響的公司部門。比方說，若是設計一個網站提供給顧客產品支援的資訊，利害關係人可能包含了行銷溝通部門代表、客服部門以及產品經理等。影響到誰取決於公司制定決策時的正式流程（以及內部政治現狀）。

制訂策略時有群人經常會被忽略，那就是一般員工——那些讓公司每天正常運作的人們。但這些人事實上可能比他們的經理更了解什麼可行、什麼不可行，尤其在使用者需求方面。沒人比那些每天跟客戶交談的人更明白客戶遇到的問題是什麼。我經常很訝異地發現，顧客反饋很少能有效傳達到需要這些訊息的產品設計和開發團隊去。

策略文件（strategy document）或願景文件（vision document）中通常會定義好產品目標和使用者需求。這個文件不見得只是一個羅列各種目標的清單——通常會針對不同目標之間的關係以及這些目標如何和更大的組織層面相互呼應有所分析。這些分析背後的佐證資料通常會引用利害關係人、一般員工以及使用者等人的意見。這些意見能夠更鮮活地點出和專案相關的策略問題。使用者需求有時候還會寫在另外一個分開的使用者研究報告中（雖然有時候把所有資訊陳列在同個地方會有某些好處）。

對於撰寫策略文件而言，並非越多越好。你不需要一五一十地寫出每個資料點和每個支持意見以表達論點，保持簡潔並切中要點即可。記住，很多看這份文件的人不會有任何時間或興趣跋涉過數百頁參考資料，與其讓他們訝異於你交付文件的重量，不如直接了當讓他們了解策略為何。一個有效的策略文件不僅能作為使用者經驗發展團隊的試金石；它也可以被用來成為組織中其他部門的專案文件。

不讓團隊成員閱讀策略文件，是你所能做的最糟的一件事。這個文件當初可不是建立出來只為了歸檔、或是只為了給寥寥可數的高層員工閱讀的——若要讓當初寫作這些文件的努力值回票價的話，就必須在專案期間頻繁地使用。

所有參與者——設計師、工程師或是專案經理，都需要這個策略文件，以幫助他們在工作時，能參酌資訊做出決定。策略文件時常包含敏感的資料，但若只為此而不讓負責的團隊能夠存取這些資訊，只會破壞他們達成目標的能力。

策略應該是你的使用者經驗設計流程的起點，但這並非意味著你的策略在專案開始前就必須完全確定下來。雖然試圖擊中一個移動中的目標會耗費大量的時間和資源（更別提極大的挫折感），但策略本身應該要是可以演變和改正的。當系統性的修改和校正策略時，這個過程本身就會成為整個使用者經驗設計流程中，靈感源源不絕的來源。

chapter 4

範圍層

功能規格和內容需求

表面層

 框架層

 結構層

 範圍層

 策略層

清楚知道「我們需要什麼」以及「我們的用戶要什麼」，我們就能夠搞清楚如何滿足所有的策略目標。當你轉譯使用者需求和產品目標成為產品應該提供給使用者什麼內容和功能的特定規格時，策略就界定出了產品的範圍。

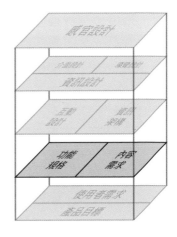

範圍層的定義

我們做某些事是因為過程本身很有價值，像是慢跑或是練鋼琴。我們做另外一些事是因為產出有價值，比方說做起司蛋糕或是修理車子。定義專案的範圍層則是兩者皆是：過程本身很有價值，而且能產出有價值的成果。

過程之所以有價值是因為它迫使你在事情處於假設階段時，就去考慮潛在的衝突以及產品較粗糙的部分。我們可以確認現在能處理什麼以及哪些可以留待之後處理。

產出有價值是因為它能讓整個團隊對於專案中要完成的所有事項建立一個參考點，而且討論時也有共同語言和基準。定義好你要求的規格，讓設計過程不會出現模稜兩可的狀況。

我曾設計過一個似乎永遠都處於 beta 狀態的網頁應用系統：差不多快好了，但還沒準備好推出給真正的使用者。我們當時採用的方法做的很多事都不大對勁——技術不穩定，我們根本不了解用戶，而且我是整個公司中唯一對開發網頁有一些經驗的人。

但上述所有因素都無法解釋為什麼我們就是無法把產品推出。最大的絆腳石在於沒人願意去定義規格。畢竟我們都在同一個辦公室工作，何苦勞煩寫下所有東西？更何況，產品經理必須凝聚精神發想新的產品功能。

這樣做的結果，就是我們的產出不斷改變且混雜了不同完成程度的產品功能。只要有人讀到新的文章、或是任何人把玩產品時有些新想法，都可能成為新的產品功能。一直都有個工作流程在跑，但沒有任何排程，沒有里程碑、整個專案也看不到盡頭。因為沒人知道專案範圍，又怎能得知我們什麼時候該喊停？

定義規格有兩大重要原因：

原因一：這樣你才知道你在建設什麼

也許你覺得這理由直白易懂，但事實上對開發網頁應用的團隊來說，這常常是意料之外的驚喜。如果你詳實記錄你想要建設什麼，那麼每個人都會知道專案的目標還有什麼時候會達成目標。如此一來，最終產品不再是產品經理腦中不成形的想像。對於組織中各層級的人而言，包含高層執行長階級到入門級的工程師，它都會變得更加具體且容易執行。

如果沒有把需求寫清楚，你的專案大概就會像是小時候常玩的「傳聲筒」遊戲——團隊中每個人對產品的印象都靠口耳相傳，因此每個人的描述最終都有所出入。或更慘，每個人都假設別人在負責設計和開發產品的重要面向，事實上可能沒人在做這件事。

清楚界定好產品需求可以讓你更有效釐清工作權責。瞭解整個專案範疇可以讓你看清楚獨立的專案需求之間隱微的相互關係。舉例來說，前述討論中那些參考資料文件和產品規格表，可能表面上看起來是各自分開的內容，但把它們看作是專案需求之後，就可以清楚看出其中交疊的部分能讓相同的小組成員負責。

原因二：這樣你才知道你不需要建設什麼

擁有很多的產品功能聽起來像是好主意，但事實上不見得和專案的策略目標適配。再來，當專案正火熱進行時，各種關於產品功能的想法都會冒出來。擁有清楚的文件記錄下來，可以讓你有評估這些想法的架構，幫助你瞭解該如何把新想法和現有的成果相互配合。

瞭解你不需要建造什麼，也就是知道你現在不需要去做什麼。蒐集所有這些傑出想法的價值在於，說不定可以找到合適的方法，把它們安排到未來長期的規劃之中。藉著確立具體的開發需求，還有把不符合這些需求的當成可能納入的未來功能歸檔，這樣你就可以更謹慎地處理這整個過程。

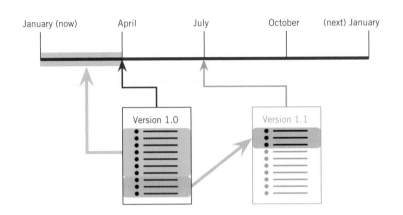

如果你無法有計劃地管理計劃要求，很可能會掉入可怕的
「範圍潛變」（scope creep）。這個詞總讓我腦海中想起一個
景象：雪球滾了一寸──接著又滾一寸，每次滾動都挾帶更
多的雪，一路直下山頭，變得更大顆、也更難停下來。同理，
每個新加入的需求也許看來不像是額外的工作。但把它們加
總起來，你就會無法控制你的專案，各個截止日期和預算就
會無可避免地脫軌而陷入混亂。

功能和內容

思考範圍層的議題時，我們通常始自「為什麼我們需要做這
個產品？」這個策略層的抽象問題，然後更深入想另一個新
問題：「我們到底要做什麼產品？」。

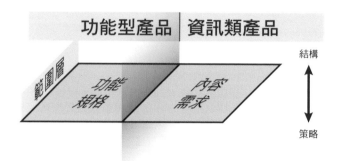

在範圍層，我們也開始區隔兩個視角來分析網路這個媒介。以功能角度而言，我們思考的是軟體產品該要納入哪些「功能組合」。而以資訊角度切入，則是處理內容面的問題，也就是傳統的編輯和行銷溝通部門要處理的領域。

內容和功能表面看起來是截然不同的兩件事情，但若是在範圍層中，其實十分相似。在這章節中，我會用「特點」這個字來指涉軟體所具備的功能和內容。

在開發軟體時，範圍層由功能需求或**功能規格**（functional specification）定義。許多組織使用這些詞彙泛指兩種不同的文件：專案開始時，描述系統應該做什麼，另外則是專案結束後，敘述到底這個系統真正可以做到什麼。有些時候，規格是在需求開出來之後很快就訂定下來，並加入具體實行細節。但大多數時候，這些詞彙都可以互換——事實上，有些人會用這個詞彙*功能需求規格*來確定能夠涵蓋兩個含義。我將用*功能規格*來描述文件本身，然後用需求來描述文件的內容。

這個章節大多使用軟體開發時用的語言。但此時這裡所提的概念也可以應用於內容。內容發展通常不會像軟體開發那樣有正式的蒐集需求過程，但基本原則是互通的。內容設計師會坐下來與人談天、或是仔細評估所有資料，不論是資料庫或是充滿新聞剪報的抽屜，才能決定哪些資訊必須納入內容。事實上，上述定義**內容需求**（content requirement）的過程，本質上就如同和科技專家及其他利害關係人一起審視現有產品文件以發想產品特點，兩者並沒有太大差異，其目的和手段都雷同。

內容需求通常也會影響功能。現今單純的內容網站常用**內容管理系統**（content management system，CMS）處理。這些系統有各種型態，有的又大又複雜、可動態根據幾個不同的資料來源產生頁面，有的則是輕量級最適化、用來有效管理單一特定內容的工具。你可能必須要選擇該購買專用的內容管理系統，亦或是從眾多開源替代品中選一個，或者乾脆無中生有自己建網站。無論哪個選項，都還是需要再花點時間調整程式，讓它符合你的公司組織以及內容的需求。

內容管理系統可以自動化產製和呈現內容給使用者的工作流程。

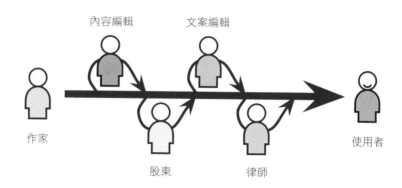

你的內容管理系統需要有什麼樣的功能，端看於你要管理的內容本質。你是否會需要維護不同語言或是資料型態的內容？是的話，那麼你需要的內容管理系統就得要能處理所有這些不同的內容元素。是否發佈每個新聞稿都需要六個執行副總和一個律師核可？那麼內容管理系統的工作流程就必須能夠支援這樣的核可手續。內容元素是否會動態地根據每個使用者的偏好重組？那內容管理系統就得要能夠達成這種複雜程度的資料傳送。

同樣的，任何科技產品的功能需求也會影響內容。偏好設定頁面是否會有說明文字？錯誤訊息呢？總是有人得負責寫出這些內容。每次我看到網站的錯誤訊息出現類似「錯誤：文字輸入框空白」，我就知道某個工程師暫時放置的訊息偷渡到最終產品，因為沒人把那個錯誤訊息看成一個內容需求。想必有無可計數的專案，要是當初工程師能多花點時間找個人檢視一下應用程式中的內容部分，一定就能被大幅改進。

定義需求

有些需求會影響到產品整體。品牌需求就是一個常見的例子；某些技術需求也是，像是產品能夠支援的瀏覽器和作業系統。

其他有些需求只會影響單一產品特性。大多數人們想到產品需求的時候，就是在想一小段描述產品必須要具備的單一特性。

要多仔細詳述需求，必須依據專案範圍而定。若專案的目標是蓋出一個非常複雜的子系統，那就可能必須要詳細一點記述，即便可能相較於整個網站而言，這個專案範圍可能仍小了些。相對而言，非常大型的內容專案可能牽涉比較同質化的內容（比方說，很多功能相同的產品手冊 PDF），因此內容需求就比較廣泛。

最能有效產出需求的來源就是你的用戶群。但更常見的是，你的需求會來自利害關係人，也就是你的組織中能發言影響哪些能納入你產品中的那些人們。

不論哪種狀況，最好的方式就是直接問、找出人們到底要什麼。第三章概述的使用者研究方法，全部都能用來幫助你更了解用戶群想要在你的產品中看到的不同特點。

無論你是和組織中的利害關係人或是直接從用戶群發展出需求，這樣的過程產出的需求通常會落入三個大類別。第一個、也是最明顯的，就是人們講出他們所想要的。其中有些其實是非常清晰的好想法，甚至直接納入最終產品中。

而有時候，人們嘴裡說想要的東西並不是他們**真正**想要的。當人們在某個過程或使用產品時卡關，於是開始想像一個可能的解決方案，這其實是很常見的現象。有時這個解法是行不通的，或者，它其實處理的是表象而非問題的根本原因。仔細思索一下這些建議之後，你常常可以得到截然不同的需求，但都能解決真正的問題。

第三種類型的需求，則是人們並不知道他們想要的產品特點。當你和人們討論策略目標和可能達成這些目標的新產品需求，有時會觸發一些絕妙的想法，而在此之前的產品維護階段，沒人想到這些。通常腦力激盪比較容易激發想法，因為參與者能有機會探索和討論專案的各種可能性。

諷刺的是，有時候盡全力參與創造產品的工作人員反而最無法想像產品的其他新方向。當你把所有時間沉浸在維護現有產品，經常會忘記哪些是真實的限制，哪些只是過程中所做的產品決策。因為這個原因，團隊腦力激盪活動是個能夠把組織中不同部門、或是能代表不同用戶群的人們齊聚，讓參與者敞開心胸接納自己從未能考慮過的可能性的有效工具。

讓一個工程師、一個客戶服務代表、一個行銷人員共處一室討論同一個網站，會讓每個人都醍醐灌頂。聽到不熟悉的觀點——然後有機會回應這些想法，可以鼓勵人們用更廣的視野思考發展產品以及可能解決方案時所牽涉到的問題。

不論我們要為哪種裝置設計——或是我們要設計裝置本身，我們的功能集都必須考量到硬體需求。這個裝置是否有相機？GPS？陀螺儀感測器？這些考量可能會限制住功能上的可能性。

產出需求經常像找個方法消除障礙。舉例來說，假設現在有個用戶早就決定要買東西——他們只是還沒決定是否要買你做的產品。那你的網站能夠怎麼做來讓這個流程——選擇你的產品，然後按下購物鈕——變得更簡單？

在第三章，我們已經知道了人物誌這個技巧，創建想像出來的角色來幫助我們理解使用者需求。在決定需求的時候，我們可以再次使用這些人物誌，把它們放到簡短的故事中，也就是**情境**（scenarios）。一個情境就是短小簡單的敘事，描述一個人物誌可能怎麼做來滿足其中一個使用者需求。藉著想像使用者可能經歷的過程，我們更能合適地列出潛在的產品需求來幫助他們滿足使用需求。

我們也可以看看競爭者來獲取靈感。其他同行絕對也會嘗試想要滿足相同的使用者需求，並且可能也嘗試著達成類似的產品目標。有沒有任何一個競爭者找到一個特別有效的產品特點能夠滿足其中一個策略目標？他們是如何處理我們現在面臨到的權衡和取捨？

甚至，不是直接競爭者的產品也可當作潛在需求的來源。有些遊戲平台讓使用者能創造同伴玩家之間的社群。試想，若把這樣的手段挪用發展到我們的數位錄影機，成了一個相當類似的特點，似乎就能讓我們脫穎而出，擁有勝過直接競爭者的優勢。

功能規格

功能規格這個詞彙在某些圈子中的風評不大好。程序員通常恨死了規格，因為它們極度無趣，而且讀它們的時間都被浪費掉、無法拿去寫程式。因此，規格常常沒人讀，而這也反而加強了產出規格是浪費時間的普遍印象——因為的確就是很耗費時間！使用規格的錯誤方式應驗了自我實証預言。

關於功能規格的一個抱怨是，它們通常沒反應實際產品的狀況。在真正實作開發時，事情就變樣了。每個人都能諒解這點——這就是技術類工作的常態。有時你以為可行的事情就是行不通，抑或是，事情沒怎麼照你設想的方式發展。然而這點並不足以構成放棄寫作規格的理由。反倒是強調了規格的重要性。當事情在實施過程中有所改變，不該雙手投降宣布寫作規格很無用。而是應該要讓定義規格的過程更輕巧，於是規格就不會和發展產品本身脫節。

換句話說，文件不會解決你的問題。定義好的話，有機會可以解決問題。關鍵不在於文件的量或是細節，而是關乎簡潔和精準。規格不需要涵括產品各個面向——只要注意那些在設計和開發過程中需要定義才不會混淆的部分。規格也不需要捕捉產品理想的未來狀態——而只需要載明創造過程中所做的決策。

寫下來

不論專案多龐大或是複雜，寫作任何類型的需求時，有幾個基本原則。

要**正向**（Be positive）。描述系統怎麼樣預防錯誤的發生，而非描述系統不該發生的錯誤。舉例而言，不要寫成下述這樣：

> 這個系統不會允許使用者購買沒有風箏線的
> 風箏。

這樣寫會好些：

> 如果使用者嘗試買一個沒有線的風箏，這個
> 系統會導引使用者去風箏線頁面。

要**具體**（Be specific）。減少開放詮釋的空間，是唯一我們能決定是否達成需求的方式。

比較一下這些例子：

1. 最熱門的影片會被重點標示出來。
2. 上週擁有最多瀏覽量的影片會出現在清單
   最上方。

第一個例子表面上似乎是個清楚的需求，但不耐細查就千瘡百孔。怎樣算熱門？有最多評論數的影片嗎？有最多讚數的嗎？怎樣算是用重點標示？

第二個例子則更細緻地定義了我們的目標，陳述了我們認為怎樣叫做熱門並且描述了重點標示的機制。藉由減少不同詮釋的可能性，第二個需求巧妙地擺脫了實施過程中，或是實施之後很可能出現的各種爭議。

避免主觀言論（Avoid subjective language）。這事實上只是另一個表達更具體和減少模糊性的方式──因此誤讀需求的可能性很低。

這兒有個非常主觀的需求：

> 這個網站的風格會非常流行和華麗。

需求必須是可以驗證的──也就是說，必須要有可能去證實某個需求也許沒被達成。像是流行和華麗這種主觀描述的特質是否被達成是很難被論證的。我對流行的想法可能和你的不同，而且執行長說不定又有一個完全不同的想法。

這並不是說你完全無法要求你的網站是流行的。你只是必須找到方法去具體說明會運用哪些準則：

> 這個網站會達到收發員 Wayne 對流行的期許。

正常來說，Wayne 並不會對這專案有任何發言權，但我們的專案贊助商很明顯尊重他對流行的見解。希望這和我們的用戶群的見解相符。但需求仍然有些獨斷，因為我們依賴 Wayne 的同意與否，而非一個更客觀評斷的準則。所以也許改成這樣的需求會更好：

> 網站的外觀會符合公司品牌準則文件規範。

「流行」這個概念完全從需求中消失無蹤。我們現在寫的清清楚楚、毫無模糊性，去參照現有準則。為了確認品牌準則足夠符合流行，行銷副總可能會諮詢收發員 Wayne，或可能問問自己的青少年女兒，又或是她可能參照一些使用者研究的洞察。取決於她。但現在我們可以說到底這個需求有無被達成了。

我們也可以量化定義需求來去除主觀成分。就如同成功因子能量化策略目標，用量化方式定義需求可以幫助我們辨別是否達標。舉例來說，與其要求系統有「高水準表現」，我們可以要求這個系統設計時能支援至少 1000 個同時在線的用戶。那麼，要是最終產品只能允許三位數的用戶數量，我們就知道自己並未達成這個需求。

內容需求

很多時候，當我們談到內容時，我們指涉的其實是文字。但圖片、音樂和影片可能遠比伴隨的文字重要。這些不同的內容型態可以一起整合達成需求。舉例來說，關於運動賽事的內容可能是一篇文章伴隨一些照片和影片。明確擬定所有不同型態的內容需求，可以幫助你釐清需要哪些資源來製作這些內容（或是不需要自己製作，直接外包由他人提供）。

但可別把內容的形式和其目的搞混了。當討論利害關係人的內容需求時，我聽到的第一件事經常會是：「我們必須要有常見問題 FAQ 的內容。」但這個詞彙 FAQ 本身真的其實只是單純在指呈現內容的形式：一系列的問答。對於使用者來說，FAQ 真正價值在於提供了常見所需的資訊。其實，仍有其他內容也能達到相同的目的；但是當重點放在形式的時候，常會忘記了目的本身。更甚者，FAQ 有時還會忽視「常見」這個要件，列出各種可能設想得到的疑難問題的答案，好似這樣才滿足了 FAQ 的要求。

每個內容特性的預期規模，將會對你必須要做的使用者經驗決策產生重大影響。你的內容要求必須粗略估計出各個特性的規模：文字數、圖片或影片的像素規格、可下載的單獨內容元素像是音樂或 PDF 檔的檔案大小。這些規模的預估不一定需要很精準——粗估即可。我們只是需要蒐集必要的資訊以便產出合適的內容。設計一個提供小縮圖的網站，跟設計提供全螢幕照片的網站是不一樣的；能事先知道必須考慮的內容元素的大小，可以讓我們做出明智的決定。

能夠儘早知道誰會負責哪個內容元素是很重要的。因為一旦內容特性被認為符合我們的策略目標，那麼很容易聽來就是個好主意——只要確定會由別人負責建造和維護它即可。若在尚未確定每個必要的內容特性會由誰負責之前，就先過多投入到開發過程中，那麼最後我們的網站很有可能千瘡百孔，因為那些在假設階段每個人都喜愛的特性，最後可能因為大家都太忙而無暇顧及。

而這就是人們通常在確認需求時會忘記的事：內容本身是個很辛苦的工作。你也許可以打合約雇來個臨時工（或，更有可能直接找個行銷人員來幹這活兒）來準備網站初次上線所需的內容，但是誰會負責更新呢？內容——嗯，更精準的說應該是——有效的內容，需要時常維護。若處理內容時的態度彷彿是發文後不理，那麼隨著時間流逝，網站的內容就會變得過時而難以符合使用者需求。

這就是為什麼對每個內容特性，你都必須寫清楚必須多常更新它。更新的頻率應該取決於網站的策略目標：根據你的產品目標，你想要你的用戶多常回訪？根據你的使用者需求，他們會期待資訊多常更新？然而，也要謹記，對於你的用戶而言，最理想的更新頻率（「我想要每天 24 小時，隨時知道所有新的進展！」）可能對你的組織而言不是相當實際的目標。於是，你必須要做出妥協，更新頻率介於使用者期待的理想以及你所能取用的資源之間。

如果你的網站必須服務各種不同需求的受眾，能夠確定哪些
用戶會需要哪些資訊可以幫助判斷該如何呈現資料。為小孩
準備資訊和為父母準備資訊，需要用不同的方式；而同時呈
現給兩者的，又需要想想第三種方式。

對於已有大量現存內容的專案而言，很多符合需求的資訊都
會記錄在**內容盤點**之中。盤點現有網站的所有內容似乎是個
煩瑣又冗長的過程——而且實情通常就是如此。但盤點（經
常是以相當簡單的格式、記錄繁多的工作表格）很重要，理
由就跟要確認需求夠具體一樣：這樣團隊中每個人才能準確
知道他們必須做什麼來創造使用者經驗。

確立需求的優先順序

蒐集潛在需求的想法也許不困難。幾乎每個經常接觸產品的
人——不論是組織內或外——都能至少說出一個可能可以添
加的產品特性。棘手的部分在於釐清哪些功能特點該被納入
專案範圍。

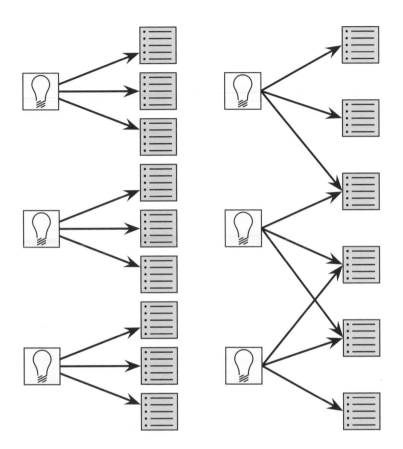

有時候，一個策略目標對應多個需求。（圖左）其他時候，一個需求可能得服務多個策略目標。（圖右）

事實上，在策略目標和需求之間，你很少看到單純的一對一關聯。有時候一個需求會被應用到多個策略目標。同樣地，一個目標也經常和多個不同需求相關。

因為範圍構築在策略之上，我們必須評估潛在需求是否能達成策略目標（包括產品目標和使用者需求）。除此之外的考量就是：有多大可能真正實現這些需求？

因為技術可行性，有些產品功能根本無法被付諸實踐——比方說，現在還沒法兒讓使用者經由網際網路聞香，不論他們有多想要這功能。其他有些功能特點（特別是關於內容的部分）並不可行，因為他們需要更多的資源——人力或財務——而眼前我們並無法取得。還有一些情況就是時程管理上的問題：我們可能需要三個月才能完成，但現在管理階層要求我們兩個月上線。

在時間壓力下，你可以把某些產品功能延到下次再更新或是設成專案下一個里程碑。資源有限下，技術或是組織上的變動頻繁——但，最重要的是，並不總是——會減少資源的負擔，使某個特性有可能被付諸實踐。（然而，非常抱歉，不可能的事情仍舊不可能完成。）

很少產品功能會單獨存在。即便是網站的內容特點也會依賴其他特點支持，來讓使用者知道如何更好地利用所提供的內容。如此一來，當然也無可避免地造成特點之間的衝突。有時必須要把某些特點和其他特點一併考量，才能創造出連貫和一致的整體產品。比方說，使用者也許只想要一步送出訂單——但網站現存的老舊資料庫並無法支援一次存取這麼多資料。那麼是否該決定採用多步驟流程？還是，該來改進一下資料庫系統呢？這就端看於你的策略目標了。

要留意一下準備願景文件時，那些不特別顯眼卻可能改變策略的產品特點建議。照理來說，任何和專案整體策略不符卻建議採納的產品特點，都已經超出專案範圍。但倘若這個超出範圍之外的產品特點，並無明顯抵觸任何限制條件，而且它本身聽來像是個好主意，那你可能就需要重新審視一下自己的策略目標了。然而，如果你發現自己立刻開始重新檢視策略的各個面向，那你大概又太快跳入蒐集需求的階段了。

如果你的策略或願景文件劃定了策略目標之間明確的優先次序階級，這些次序應當是審視特點建議時最主要的決策因子。然而，有時兩個不同的策略目標之間的相對重要性並不是那麼明確。這時候，這些特點最終是否能納入專案範圍之中，通常就會取決於組織政治的角力了。

當管理階層談到策略的時候，他們通常以產品特點為著眼點，於是得把話題導引到根本的策略因素。因為管理階層常常分不清產品特性和策略，某些特性因此永遠是贏家。因此定義需求的過程轉變成和這些管理階層談判協調的過程。

這個談判協調的過程有可能相當棘手。其中，要解決和管理階層之間的爭端最好的方式之一，就是訴諸「明確定義的策略」。聚焦策略目標，而不是當下所面對的各種如何達成目標的手段。如果能向一個總是心嚮某個特定產品特點的管理階層仔細說明，這個特點欲達成的策略目標可以用其他方式達成，那麼他就不會覺得自己的意見被忽略了。固然知易行難，但是展現對於決策者需求的認同，確實是解決特點爭端的關鍵。是誰說技術人員就不需要溝通技巧呢？

chapter 5

結構層

互動設計和資訊架構

表面層

框架層

結構層

範圍層

策略層

定義好需求和決定其優先順序後，我們更清楚最終產品到底會涵蓋什麼。但需求本身並沒有說明這些各處散落的片段該如何組成連貫的整體。這就是構築在範圍層之上的層級，著重發展網站的概念架構。

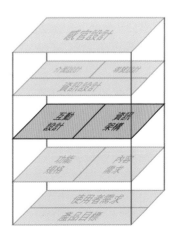

結構層的定義

結構層是五個層面中的第三層，而且正巧是轉換關注焦點的適當層次，從較為抽象的策略和範圍層，轉到更具體影響最終使用者體驗的因素。不過，介於抽象和具體之間的界線有時模糊不清──我們大多數的決定會對最終產品產生明顯可見的影響，但其中很多決策本身仍牽涉大量概念性思維。

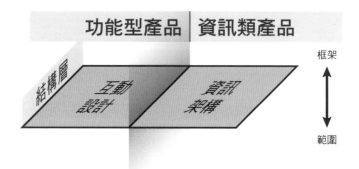

在傳統軟體開發中，創造使用者經驗結構的方法學稱作**互動設計**（interaction design）。它曾被歸類在「介面設計」的範疇內，但現在互動設計已經被區分為獨立的學科。

在內容開發時，使用者經驗的結構是**資訊架構**（information architecture）在處理的問題。這個領域援引諸多過往被認為和組織、分類、排列以及呈現內容相關的學科：圖書館科學、新聞學和技術溝通等。

互動設計和資訊架構都共同強調：要明確定義選項呈現給使用者的模式以及次序。互動設計關注會影響使用者執行和完成任務的設計選擇。資訊架構則處理如何呈現訊息給使用者的不同選項。

互動設計和資訊架構聽來玄妙、很高科技，但事實上這些學科並非純關乎科技。他們是關於了解人——其行為以及思考。藉著把這些理解注入我們架構產品的過程，我們可以確保良好的使用者體驗。

互動設計

互動設計關注描繪使用者可能做出的行為以及定義系統會如何配合和回應。每次使用產品時，使用者和產品之間都會產生某種類似舞蹈的互動。使用者做動作，系統接著回應。然後使用者又依據系統回應而動作，於是這舞蹈持續進行。但最常見設計軟體的方式並未考量這個互動過程。

而這種軟體設計思維的緣由是，既然每個應用程式的互動舞步都會有些不同的地方，那讓使用者來適應這些舞步並非無理的要求吧。系統只需要好好做好自己的事，要是某些使用者腳被踩到了，那就當成是學習過程的一部分。但每個舞者都會告訴你，成功的舞蹈需要參與者預測對方的動作。

程式開發工程師傳統上關注軟體的兩個面向：它能做什麼以及它如何達成任務。背後有個很好的原因——正是因為他們對這些細節的熱情，讓他們能把自己的工作做得這麼好。不過，這樣的關注點也意味著，工程師傾向建構一個技術上高效的系統而不去管怎樣對使用者最好。這思維在過去特別管用，因為電腦的計算能力是稀缺資源，因此，軟體設計的最高境界，就是確保在各種技術侷限下，軟體還能正常運作。

通常對科技而言最佳的運行方式，和對使用者而言最好用的方式，兩者背道而馳。因此，自從電腦軟體存在以來，就已惡名昭彰：複雜、令人困惑而且很難用。這就是為什麼數年來，「電腦基礎訓練」——教導人們電腦內部運作方式的課程，曾被廣泛認為是唯一能讓使用者和軟體和睦共處的唯一方式。

經過了很長的時間，當我們更加瞭解人們如何使用科技，我們終於開始醞釀這樣的想法，那就是與其設計讓機器能最順利運行的軟體，不如設計對使用者而言最好用的系統，這樣就可以省略把文件管理員送去上電腦課以提高他們科技應用能力的過程。這個幫助軟體開發者的新興學科便稱作互動設計。

概念模型

使用者對於我們所創造的互動元件會如何運作的想法即為**概念模型**（conceptual models）。例如，系統是否將特定功能視為使用者會去使用的東西，也就是使用者會注意的位置，或是，只視為使用者會獲得的物件？不同網站的處理方式不同。概念模型能幫助你做出一致的設計決定。無論內容元素是一個位置或是物件；重點是網站能夠一致地呈現這個內容元素，而非有時將這個元素當成一個位置，另外有時候又把它當成物件。

舉例而言，「購物車」元素在典型的電子商務網站中，其概念模型是個容器。這個隱喻概念同時影響了元素的設計和介面上使用的溝通語彙。容器可以裝東西；因此，我們會把東西「放入」以及「取出」購物車，而這系統必須要提供能夠完成這些任務的功能。

假設購物車的概念模型是來自真實世界中另外一個類比，比方說目錄訂貨單。那系統就應該提供「編輯」功能來替代傳統購物車的「添加」和「移除」功能，而且購物結束時，也不該使用「結帳」的隱喻，而應該是「寄出」訂單。

零售商店和產品目錄的模型看來似乎都可以完美地讓使用者在網路下訂單。那麼該選哪一個呢？零售商店模型在網路上已經廣泛使用到成為約定俗成的**慣例**（convention）。如果你的用戶在很多網站上購物，那你大概會想繼續使用這個慣例。使用人們早已熟悉的概念模型能讓人較容易適應不熟悉的網站。當然，想要打破慣例也沒什麼關係——只要你有很確實的理由，並且準備好替代的、同時符合使用者所需且也相當合理的概念模型。陌生的概念模型只有在使用者能正確瞭解和詮釋它們時才有效。

概念模型可以指涉系統中的單一元素，或者是指整個系統。當新聞評論網站 Slate 上線時，其概念模型是一本真實世界中的雜誌：這個網站有封面和封底，而且每一頁都有頁碼和讓使用者「翻頁」的介面元素。結果，雜誌這個概念模型並無法有效轉換到網站上，所以 Slate 最終放棄了這概念。

我們不需要很明確地告訴使用者我們採用的概念模型為何——事實上，有時候這反而讓使用者相當混淆、毫無助益。更重要的是能夠在互動設計時使用一致的概念模型。瞭解使用者對於網站模式的想法（這是否像零售店一樣運作？這就像個產品型錄？）能幫助我們挑選最有效的概念模型。理想上，使用者並不需要被告知網站使用怎樣的概念模型；他們應當可以很直覺地在使用網站過程中摸清，因為網站的行為會和他們的預期相符。

關注系統功能,而後找到現實世界中對應的類比,作為概念模型的基礎隱喻,可能有相當的價值,但也要注意不能太直觀地著重隱喻的表面意涵。西南航空公司的首頁曾經是一張客戶服務櫃檯的照片,桌上一側堆疊著小冊子,另一側放著電話,還有一些有的沒的。很長一段時間,這個網站被當作過分應用概念模型的案例——訂位也許可以透過電話,但那並不表示訂位系統就該用個電話來代表。西南航空鐵定不再想被當成錯誤示範;所以它的網站改版後不再使用這麼強的比喻,而且更加著重功能性。

舊的西南航空網站是概念模型太過緊密和真實世界連結的經典案例。

錯誤處理

任何互動設計專案的一大部分都是在處理用戶錯誤——當人們犯錯時，系統該如何回應？以及系統該怎麼設計來避免人們犯錯？

第一個、同時也是最好的防止錯誤的方法就是：把系統設計得不太容易犯錯。很好的例子就是汽車裡的自動排檔。若在排檔不在停車檔時，啟動汽車可能會損壞複雜的變速系統傳輸機制；而且在這情況下，就算車子還沒真正啟動，也有可能突然暴衝。這不僅對車子不好、對駕駛人不好，甚至可能傷及無辜正巧走在暴衝車子旁的路人。

為了預防這樣的狀況，任何自動排檔的車子都會設計成「除非在空檔（停車檔）上，不然無法啟動引擎」。因為根本不可能在別的檔位啟動車子，所以前述的錯誤根本不曾發生。不幸的是，並非所有用戶錯誤都能如此輕易地避免。

第二個避免錯誤的方式就是讓錯誤難以發生。但即便如此，有些錯誤還是照樣會發生。此時，系統應該要有所反應、幫助使用者瞭解錯誤何在並改正。某些情況下，系統甚至會代替使用者自動改正。但要小心——有些軟體產品試圖善意改正用戶錯誤的時候，反倒出現最令人反感的作為。（如果你曾用過 Word，你就鐵定知道我在說什麼了。

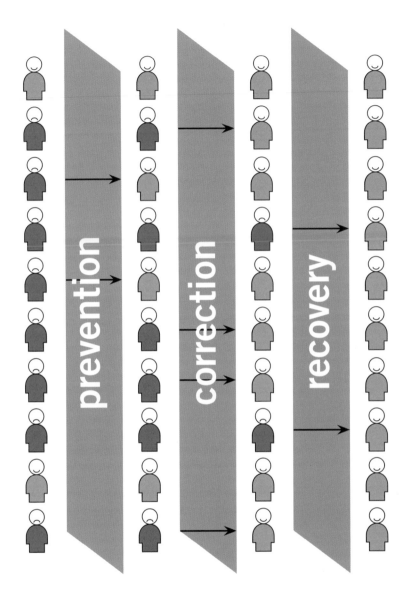

互動設計中的每個關
卡，旨在確保更高比
例的用戶能有正向的
體驗。

Word 提供了許多功能想要幫助人們改正常見的錯誤；但總是發現使用者時常把它們全都關掉了，以便能停止不斷的糾正、並真正完成一些工作。)

有效的錯誤訊息以及容易理解的介面可以幫助使用者在錯誤發生後理解到底哪些地方做錯了。其中，有些使用行為一直要到完成後才會知道出錯，不過系統這時已經難以即時改正了。因此，在這些情況下，既然錯誤已經發生，系統應該要提供使用者一個能夠從錯誤中恢復的方式。最有名的例子大概就是復原（undo）功能，但其實要從錯誤中恢復有很多不同的方式。對於那些不可能恢復的錯誤，提供大量的警示是系統唯一能做的預防之道。當然，這種警告只有在使用者實際注意到它時才會有效。若出現一連串的「你確定嗎？」確認視窗，可能反倒讓真正重要的訊息被忽視了，而且這麼做時，會更像是騷擾使用者、而非幫助他們。

資訊架構

資訊架構是新想法、但骨子裡是舊玩意兒——事實上，你甚至可以說這跟人類溝通這件事一樣古早。只要人們有訊息想要傳達時，他們就必須決定該如何組織這些資訊，以利其他人們理解和使用這些資訊。

因為資訊架構著重於人們在認知上如何處理資訊，任何產品上面只要有需要人們理解的資訊，就必須要考量資訊架構。顯而易見地，這些考量對於資訊導向的產品（像是公司資訊網站）特別要緊，但對於功能導向的產品（例如行動電話）而言，也可能產生深遠的影響。

組織你的內容

對於內容型網站而言，資訊架構注重創造組織導覽上的主題，來幫助使用者能夠更有效和快速地遊覽網站內容。網路世界中的資訊架構和資訊取得（information retrieval）息息相關。設計時，要考量如何幫助使用者輕鬆找到所需資訊。網站架構常常被要求要達到更多、絕不僅止於幫助人們找到事物；很多情況下，網站架構還必須要教育、告知並說服用戶。

最常見的情況，信息架構問題需要創建分類體系，而這體系必須要符合我們網站的目標、希望滿足的使用者需求以及將會被合併到網站中的內容。我們可以用下列兩種方式建立分類體系：從上到下，或是，從下到上。

從上到下（top-down approach）的資訊架構方法將直接從策略層：產品目標和使用者需求，開始著手。先從最廣泛、能滿足策略目標的潛在內容和功能開始分類，接著我們會依據邏輯關係逐漸細分出次類別。這樣的主次類別關係就像空殼一樣，可以把內容和功能逐一放入。

從下到上（bottom-up approach）的資訊架構方法也會有主
次類別之分，不過是經由分析類別和內容需求而得。先從現
存的原始資料（或是在網站發布時將會提供的資料）開始，
把它們都放入低層級類別，接著把它們集群合併到高一級的
類別，漸次分析、即可構築出能夠反映我們產品目標和使用
者需求的架構。

從上到下的架構方法
由策略層驅動。

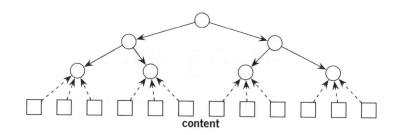

從下到上的架構方法
由範圍層驅動。

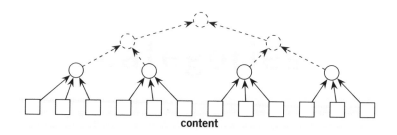

兩個方法各有優缺。從上到下的方法有時會導致重要的內容
細節被忽視了。另一方面，從下到上的方法有時會讓架構過
於精確反應現存的內容、以致失去因應變化調整的彈性。因
此，在從上到下以及從下到上的兩種思維之間尋求平衡，是
唯一可以避免這些缺失的方法。

不一定非得執著在某個層級的類別或是某個區塊都要達到特定數量。只要這些類別能夠好好地反映出使用者以及他們的需求即可。有些人喜歡計算「完成任務所需的步驟」或是「到達終點所需要的滑鼠點擊數」，來當作評估網站架構品質的依據。然而最重要的品質指標，並非整個流程需要多少步驟，而是使用者是否認為每一步都是合理且自然地延續上一個步驟。當然，使用者會更喜歡一個清楚定義的七步過程，而非令人困惑、刻意壓縮的三步過程。

網站是活的。它們需要持續的被關切和澆灌。不可避免地，它們會隨著時間不斷成長。在大多情況下，過程中所勃發的新需求不該導致要重新考量整個網站的架構。有效的架構其特點就在於能夠容納成長和適應改變。而不斷累積的新內容終究會需要重新檢視網站所使用的組織分類原則，比方說，只有幾個月的新聞量時，按照每日新聞做分類也許是合適的，倘若已經累積了數年的量，則按照主題分類新聞或許會更加管用。

完整的使用者經驗，包含網站架構，都構築在瞭解你的目標和使用者的需求。若你重新定義了想要用網站達成的目標，又或是網站欲滿足的需求改變了，那麼就要相對應重新調整網站的架構。然而，重整架構很少會有事前的跡象；往往當你被告知要重整架構時，使用者已經被折磨許久了。

一個適應性強的資訊
架構能夠把新的內容
放入現有的架構（上
圖），也能當作新的
區塊（下圖）。

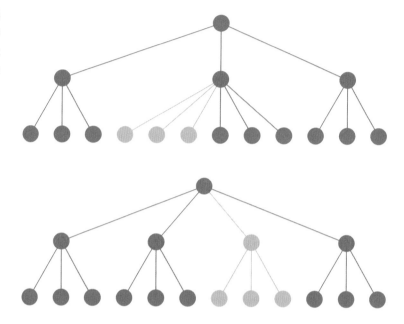

架構的方法

資訊架構的基本單位就是**節點**（node）。節點可以對應任意
的資訊片段或組合──可能小到只是一個單一數字（像是產
品價格），或是，大到如整個圖書館的資料。藉著著眼節點，
而非頁面、文件或是元件，我們可以使用一個共通的語言和
共通的架構概念來處理各種不同的問題。

節點的抽象性讓我們可以更明確設定關注的詳略程度。大多網站架構專案注重的是頁面如何安排；藉著把頁面當作底層的節點，我們可以明確表明不會處理比頁面更小的事物。若頁面本身對於專案來說也太小了，我們可以把每個節點調整為對應到網站的不同區塊項目。若頁面太大了，我們也可以定義節點為頁面上的個別內容元素，然後頁面就變成了一群節點。

這些節點可以用很多不同方式安排，但架構上，有這幾個常見的類型。

在**層級**（hierarchical）架構，或有時稱作樹狀（tree）或是**中心輻射**（hub-and-spoke）架構——節點會和其他相關節點產生父子關係（child and parent）。子節點代表著較狹義的概念，隸屬於更廣義類別的父節點。並非每個節點都有子元素，但每個節點都有父元素，而且一路向上追溯到整個架構的父元素（若你喜歡的話，也可以視作整顆樹的「根」）。因為層級架構概念對使用者來說很容易理解，而且軟體大多也傾向以層級方式運行，所以這個類型的架構是最常見的。

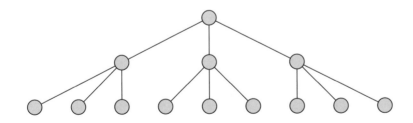

矩陣（matrix）架構允許使用者在兩個或更多向度上穿梭於不同的節點之間。矩陣架構對於想要因應不同需求而以不同方式瀏覽相同內容的使用者而言相當有用，因為每個使用者需求可以被矩陣的一軸連結。舉例而言，如果你的某些用戶真的很想要以顏色瀏覽產品，但其他想要用尺寸當基準，那麼矩陣就適用兩者。然而，若期望使用者把這當作主要的導航工具，那麼超過三個維度的矩陣可能會造成問題。因為對於四個或更多維度的空間，人腦就無法很好地視覺化。

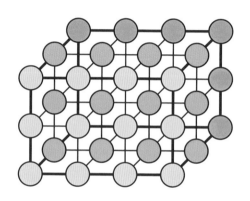

有機（organic）架構不以遵循一致的模式為目標。節點彼此逐一連結，而且整個架構並沒有太明顯的分類區塊。因此，有機架構很適合探索一系列彼此關係不定或是仍在演變中的主題，但它不太適合拿來引導使用者理解現在身處架構中的何處。若你想要鼓勵比較自由探險的氛圍，比方說某些娛樂或是教育性質的網站，那麼有機架構就會是個不錯的選擇；但若你的用戶需要可靠地依循路徑再次找到相同的內容，那麼這樣的結構就可能把尋找過程變成一個挑戰。

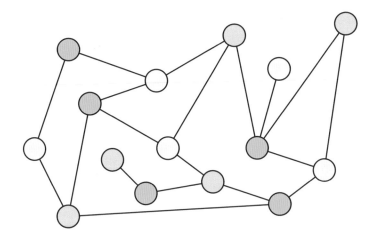

序列（sequential）架構在線下媒體中屢見不鮮——事實上，你正經歷其中。語言的序列流程是最基本的資訊架構，而且所需的處理能力早已存在我們的大腦之中。書籍、文章、音訊和影片都是依照一定順序體驗的事物。網路世界中，序列架構常被用在較小規模的結構像是單篇文章或是章節；大規模的序列架構用途比較受限，僅用於像是教學資源這種內容呈現次序會對滿足使用者需求舉足輕重的應用方式。

組織的原則

資訊結構中的節點依據**組織原則**（organizing principles）而編排。從根本而言，組織原則就是指我們決定哪些節點要合成一組、哪些又該分開的基準。不同的組織原則會被應用在不同的區域和網站的不同層級。

舉例來說，對企業網站而言，網站的最高層級也許會有「顧客」、「企業」和「投資人」的類別。在這層級，組織原則就是網站內容想要呈現給哪類的觀眾。另一個網站也許最高層級的類別會是「北美洲」、「歐洲」和「非洲」。使用地區別作為組織原則是滿足全球用戶需求的一種方式。

大致說來，你用於網站最高層級的組織原則會緊密和產品目標以及用戶需求相關。隨著層級越低，和內容以及功能需求相關的考量會越來越強烈地影響所欲採用的組織原則。

比方說，一個新聞內容網站通常用時間順序當作最顯著的組織原則。即時性是對用戶而言唯一最重要的因素（畢竟用戶想在新聞網站看到的是時事，而非歷史。），對網站創建者來說亦然（重視即時內容才能保有競爭力）。

思考架構的下一個層級時,要開始想想其他和內容更緊密關聯的因素。對於體育新聞網站來說,內容可能被劃分為「棒球」、「網球」和「曲棍球」等類別,但若是內容更包羅萬象的網站也許類別會變為「國際新聞」、「國內新聞」和「地方新聞」等。

任何資訊的組合——不論涵蓋數目是兩項、兩百項或是兩千項,本質上都存在一個概念性的架構。事實上,概念架構還很常不只一個。這也是我們所需要解決的問題之一。困難的不是如何創造一個架構,而是如何創造一個能夠符合我們目標以及使用者需求的正確架構。

比方說,假設我們的網站貯存著大量車輛資訊。其中一種可行的組織原則就是依據車子重量排列。所以使用者第一映入眼簾的就會是資料庫中最重的車子,接著是第二種,然後依序到最輕的車子。

對於提供消費訊息的網站而言,這種組織資訊的方式可能是錯誤的。畢竟大多數人、大部分時間,都不在意車子的重量為何。依據車子製造商、款式以及類型來組織資訊對這類用戶或許會更加合適。另一方面,若我們的使用者是每天都會處理汽車國際運輸業務的專業人士,那麼車子的重量就變得非常重要。對於這些人而言,車子的耗油與否、引擎類型等特性都相當無關緊要。

這些屬性，以圖書資訊學的術語來說，稱為**截面**（facets），而且，這所謂截面能為幾乎任何內容提供一套簡單而靈活的組織原則。但就像前述例子一樣，若用錯誤的截面可能比根本不要用更糟。常見用來預防此問題的方法，就是把每個可能的截面都拿來當組織原則，然後讓用戶自行挑選對於他們而言最重要的選項。

不幸的是，除非你在處理的是只包含少數幾個構面的簡易資訊，這個方法很快會把架構搞得一團混亂。使用者會有超多不同方式排序和過濾訊息，以致最終根本沒人找得到任何東西。不該施加負擔在用戶身上、讓他們自己使用所有屬性排序然後挑選重要的，因為這理當是我們該苦思的問題。策略會告訴我們使用者需要什麼，然後範圍則告訴我們哪些資訊能夠契合需求。創造架構的過程中，我們會發現資訊的哪些特定面向對於用戶而言是最重要的。成功的使用者經驗就是事先預期並適當考量使用者的想法。

語言和元數據

即便架構能完美精準地呈現人們如何思考這類議題，若使用者不瞭解你的**命名原則**（nomenclature），他們仍舊不一定能在架構中找到方向。命名原則就是敘述、標籤和其他這個網站所使用的術語。因此，保持和用戶一致的語言是很必要的。而用來確保一致性的工具就叫做**控制詞彙**（controlled vocabulary）。

控制詞彙其實不過就是使用在網站上的一套標準語言。這是另一個相當需要使用者研究鑽研的部分。和用戶談話並了解他們的溝通方式，方能最有效訂立出令人感覺相當直覺自然的命名原則。創造並遵守符合用戶語言的控制詞彙，是最好防止組織內部專業術語侵佔網站的妙方，畢竟那些專業術語只會讓用戶一陣茫然。

控制詞彙同時也能幫助你維繫所有內容的一致性。不論產製內容的負責人彼此坐在比鄰或是分散在不同的辦公室，控制詞彙可以作為異議時的最終參酌資源，確保大家都能遵循用戶的語言。

建立控制詞彙更精細的作法就是創建**同義詞辭典**（thesaurus）。同義詞辭典就不會只是簡單列出可以使用的詞彙清單，還會同時記載常用但不在網站標準用語中的其他替代詞彙。有了同義詞辭典，你就可以添加內部專業術語、縮寫、俚語或反義詞等。同義詞辭典同時還可以涵括這些詞彙彼此之間的關係，並提供廣義、狹義或相關詞彙的建議。明載這些關係能讓你更全面了解網站內容牽涉概念的整體輪廓，這樣做還可能讓你在架構上做更好的調整。

若你想要建立一個包含**元數據**（metadata）的系統，控制詞彙或是同義詞辭典就會特別好用。元數據這個名稱，簡單來說，就是「關於訊息的訊息」。也就是指用結構化的方式來描述一段內容。

假設我們正在處理一篇關於你的最新產品如何被義勇消防隊使用的文章。可能的元數據就包括：

▶ 作者名稱

▶ 發布日期

▶ 內容類型（例如：案例分析或是文章）

▶ 產品名稱

▶ 產品類型

▶ 客戶所在產業（例如：義勇消防隊）

▶ 相關主題（例如：市政機構或緊急救護服務）

準備好這些訊息讓我們可以把各種可能性都考量周全，包含那些若沒有這些訊息就會很難（但也不是完全不可能）實現的架構方式。簡而言之，你有越多關於內容的詳細資訊，你就能越靈活地架構組織。若緊急救護服務突然變成公司很想進入、充滿潛力且獲利可期的新市場，掌有元數據就能讓我們快速創造新的、符合這些使用者需求的內容區塊。

但若資料本身不一致，那麼建立一個能夠蒐集和追蹤所有這些元數據的系統就沒什麼助益。這時，正是控制詞彙發揮作用的時候。藉由對應內容中每個獨特的概念到一個詞彙，你就可以靠著自動化來定義內容元素之間的連結關係。你的網站可以動態地把與某個主題相關的頁面全部連接到一起，沒人需要做額外的設定，只要這些頁面的元數據中都用了同樣的詞組。

另外，好的元數據能讓使用者比一個基本的全文搜尋引擎更快速、更可靠地查找網站上的資訊。搜尋引擎也許很強大，但一般說來它們很笨——給它們一串字串，它們做的基本上就是搜查一模一樣的字串。它們不瞭解字串的意義。

連結你的搜尋引擎到同義詞辭典，並且提供你內容的元數據可以幫助搜尋引擎更聰明。搜尋引擎可以用同義詞辭典來區別禁用詞以及偏好詞；然後它可以在元數據中搜查偏好詞。用戶非但不會因此得不到搜查結果、反而會得到高度精準相關的結果——甚至還可以推薦一些用戶可能會感興趣的主題。

團隊角色和流程

文件一定要記載網站的結構——從命名原則和元數據等特定細節，到資訊架構以及互動設計的概況，會依據專案的複雜性而殊異。對於那些許多內容採層級架構的專案，簡單的文字概述可能是有效記錄架構的方法。在某些情況，試算表和資料庫等工具會被用於捕捉複雜結構中的枝微末節。

但資訊架構或是互動設計的最主要記錄工具還是圖解（diagram）。視覺化呈現結構，對我們而言，是最有效溝通元素之間分支、群組和相互關係的方式。網站結構本身就是複雜的事；嘗試想要把這件複雜的事訴諸文字，基本上就是保證根本沒人會去讀它。

早期的網路世界，這類圖解稱作網站地圖；但因為網站地圖（site map）同時指的是網站中特定的導覽工具（你馬上會在第六章讀到），架構圖（architecture diagram）就成了現在我們內部用來描述網站架構工具的術語。

這種圖解不一定需要記錄你網站上每一頁中的每個連結。事實上，多數時候，精細到那種程度的架構圖只會導致令人困惑，並屏蔽了團隊所需的資訊。架構圖真正重要的是要記錄概念關係：哪些類別適合放一起、哪些要分開？在互動過程中，哪些步驟適合相互配合？

在我早期職涯中，我發現自己在各個專案中都要一直重複表達同樣的基本互動結構。隨時間推移，我開始標準化網站圖解中想表達的概念。我開始習慣使用一套特定的圖形，然後定義好每個圖形的意涵。

我創造的圖解網站架構的系統稱作視覺辭典（Visual Vocabulary）。自從我 2000 年公布在網路上以來，全世界的資訊架構師和互動設計師都相繼採用。你可以在我的網站（www.jjg.net/ia/visvocab/）瞭解更多細節，查看範例圖表、下載並開始使用這個工具。

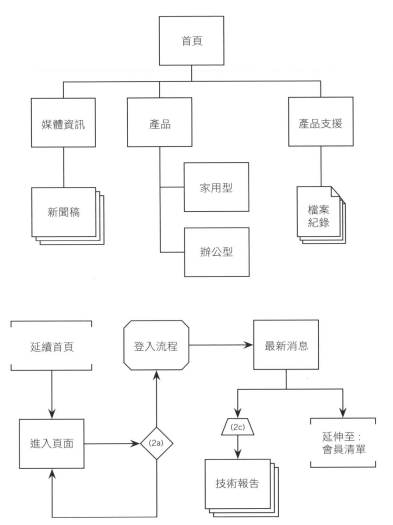

視覺辭典是個提供從非常簡單（上圖）到非常複雜（下圖）的示意圖架構系統。請造訪網站（www.jjg.net/ia/visvocab/）查看細節。

很多組織雇用全職的使用者經驗設計師來擔負解決架構問題的責任。然而在其他組織，負責架構的任務常常會順便交辦給某個人，而非透過明確的職責規劃。而最終到底誰會負責架構，常常是依據組織文化或是專案的性質。

對於重內容的網站、或者是那些起初將創建網站視為行銷活動的企業，決定網站架構的責任落在內容開發、編輯或是行銷溝通部門。若企業習慣以技術人員主導、或是有個相當技術導向的組織文化，那麼架構的責任常會落在負責網站的技術專案經理。

每個專案都能受益於擁有一個全職投入處理架構問題的專家。有時候這個人的職稱也許會是互動設計師，有時候則會被稱作資訊架構師。不要讓職稱混淆了你——雖然某些資訊架構師真的專職於創造內容網站的組織和導航架構，但多數時候，資訊架構師常常也會具備一些處理互動設計問題的經驗。因為資訊架構和互動設計問題常常高度連結，使用者經驗設計師成了較為通用的職稱。

企業也許不一定有這麼多正在進行中的工作需要專門雇用全職的使用者經驗設計師作為團隊長期的成員。如果你的網站開發著重在更新內容，不太需要定期重整網站，那麼花錢聘雇使用者經驗設計師可能就不是那麼聰明。但若是你的網站穩定而持續地增添新內容和新功能，使用者經驗設計師可以幫助你，讓整個過程最有效地滿足使用者需求和策略目標。

不論是否有人專職處理架構問題,真正重要的是這些問題能由某個人來負責。你的網站終究會有個架構,不論是否事先規劃過。根據清晰架構計畫建出的網站通常較不需要頻繁的重整,產出明確的成果,同時還能滿足使用者的需求。

chapter 6

框架層

介面設計、導覽設計和資訊設計

表面層

 框架層

 結構層

 範圍層

 策略層

概念架構成型於根據策略目標得來的一堆需求。在框架層，我們更仔細琢磨架構，區別出介面、導覽和資訊設計幾個會讓抽象架構更加具體的面向。

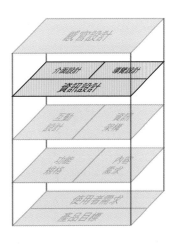

框架層的定義

前一章節的結構層定義了我們的產品會如何運作；框架層則確立各個功能將採用怎麼樣的形式來呈現。除了解決更為具體的問題，框架層也要處理更精確的細節問題。在結構層，我們思考的是大的架構和互動的議題；在框架層，我們則幾乎全關注在較小的單一組件以及它們之間的關係上。

以產品功能面而言，我們透過**介面設計**（interface design）來確定框架——這也就是大家所熟知的，充滿按鈕、輸入方框以及其他介面元素的領域。資訊產品本身也有必須特別去處理的問題。**導覽設計**（navigation design）就是介面中專門用來呈現訊息的形式。最後，橫互兩端的就是**資訊設計**（information design），也就是關於如何呈現資訊以利有效溝通。

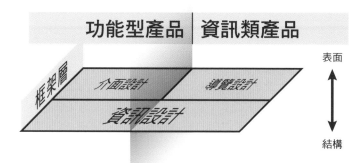

這三個要素緊密結合——大概是本書中提到的、最緊密的關係之一。原先以為是導覽設計的問題卻轉變成資訊設計的問題，又或是，關於資訊設計的問題，變成了介面設計的問題，這些狀況可說是所在多有。

即便三者之間的界線有時模糊難辨，適時的區辨它們作為分別的領域，可以幫助我們評估自己是否採用了適切的解決方案。好的導覽設計不能導正壞的資訊設計。若我們無法分辨不同類型的問題，我們就無法確認自己是否真有解決對的問題。

若涉及到使用者能否有能力做某些事情，那就是介面設計。介面就是使用者真正接觸到，在互動設計時組構出來，並且在規格中載明的具體功能。

若會影響使用者是否能到達某個地方，那就是導覽設計。資訊架構讓我們可以把所想到的內容需求組織起來；導覽設計則讓使用者可以彷如用鏡頭聚焦看到那整個架構，並能藉此穿梭其中。

倘若是跟傳達想法給用戶相關的話，那就是資訊設計。這是這個層面中涵括最廣的要素，幾乎所有至此提過的事情，不論是功能型產品或資訊型產品，都和此相關。資訊設計跨越了任務導向或資訊導向系統的藩籬，因為不論介面或導覽設計，都無法在缺乏資訊設計支援的前提下取得成功。

慣例和比喻

習慣和反射動作是我們跟這世界互動的基礎——的確，要是我們不把很多事情簡化成反射動作的話，我們每天能完成的事務就會大大減少。你能否想像開著一部永遠不會比第一次開的時候更容易的車嗎？你的駕駛技術、烹飪技巧或者是操作手機——之所以過程中沒被各種高度需要聚精會神的任務搞得精疲力竭，都依賴著不斷累積大量微小的反射動作。

習慣可以幫助我們把這些反射動作應用到不同的狀況。我曾有一部車，每次朋友們一開就會覺得困擾。當他們啟動車子的時候，他們做的第一件事就是清洗擋風玻璃。原因倒不是因為擋風玻璃很髒（雖然很有可能的確髒了）；但其實是因為他們想要打開頭燈。而我車子的控制鍵位置和他們熟悉的完全不同。

電話是另一個說明慣例重要性的好例子。廠商偶爾會實驗著不同的按鈕排列，比方說兩排按鈕、每排六個，或是三排、每排四個等，這些都和標準三行四列的佈局不同。甚至有時還有圓形環狀的編排，但這些隨著轉盤式電話的消失，越來越少見。

也許看上去，佈局編排不應該會影響這麼大，但事實上是會的。若你量測使用者花費去理解非標準電話上按鈕功能的時間，大概每打一次電話會花個三秒。不是很大的差異吧——可是對使用者而言，這三秒不只是時間的損失。這是充滿挫折的三秒，因為原本該是下意識的反射動作變得無比的遲緩，原因在於使用者習以為常踩在腳下的慣例魔毯被抽走了。

事實上，電話的三乘四數字矩陣是相當根深蒂固的慣例，因為它甚至也演變成其他設備的標準，比方說微波爐烤箱或是遙控器。有趣的是，電話按鈕也並非是這領域唯一的標準：比較老式的加法機器使用的「十鍵」的佈局，也就是把電話數字按鍵的順序顛倒過來，現在被用在計算機、鍵盤、自動提款機、收銀機還有一些專門的資料輸入程式比方說存貨系統。因為兩種標準都用著三乘四的矩陣，人們相當容易的適應了，雖然若能合併採用單一的標準會更好。

這並非是說每個介面問題的答案就是盲從慣例。反倒是必須時時警覺，決定採用背離慣例的做法時，是否有明顯的好處。想創造成功的使用者體驗，就得在做每個決定時，背後都有充分明確的理由。

讓你的介面和用戶熟悉的慣例保持一致是重要的，但更重要的是你的介面自身必須保有一致性。產品特性的概念模型可以幫助你確保內部的一致性。若你有兩個特性具備相同的概念模型，它們很可能有相似的介面需求。而在兩處都維持相同的慣例，可以讓已經熟悉其一的使用者，快速上手另外一種。

即便是在不同的概念模型，其中通用的想法仍應以相似的方式處理（若不適用相同方式的話）。像是「開始」、「結束」、「返回」或「存檔」等，皆是在很多不同狀況下都會出現的概念。讓這些概念在哪都有一致的處理方式，那麼使用者就可以應用他們從系統其他部分所習得的事情，有助於他們更快達成目標、減少犯錯。

就像不該太過依賴互動設計背後的概念模型一樣，你必須抗拒依據明確的**比喻**（metaphors）來構建產品的衝動。能夠針對產品特性運用比喻是相當可愛且有趣，但它們永遠無法像表面看似那樣管用。事實上，它們通常都不太有用。

某些時候，針對某個特定功能，你可能想要仿照現實世界某物件的介面設計。但記得 Slate 想要仿照真實的雜誌一般翻頁的導覽方式嗎？大多的介面和現實世界中的導覽設備都會受限於真實世界中的某些條件：物理、材質屬性等。但螢幕為基礎的產品，像是網站以及其他軟體，就比較沒有這些限制條件。

將網站的特點類比人們真實世界中的經驗，看似是能讓人們更容易掌握這些特點的一種方式。但是，這種方式往往反倒阻礙了展現網站特點的本質。即便網站特點和其運用的比喻之間的連結也許對你而言清晰易懂，但它只是你的用戶腦中眾多聯想之一——尤其是那些來自跟你完全不同的文化背景的用戶。這個小小的電話圖片代表什麼？是否可以用來打電話？還是是查看語音信箱的意思？或者其實是指繳付電話帳單？

當然，你的網站內容提供某些脈絡讓使用者可以更好地臆測你的比喻想傳達怎樣的功能特點。但當你提供越多樣化的內容以及功能，這些猜測就越來越不可靠——不論何時，總是會有些人猜錯的。所以最好（且更簡單）的方法就是根本不要讓人用猜想的。

有效使用比喻可以減少用戶為了瞭解產品功能和如何使用所需耗用的腦力。用電話簿圖標代表真實的電話號碼簿也許還行；但用咖啡店的照片來代表聊天區可能就有些費解了。

介面設計

介面設計就是選出符合使用者現在想要完成的任務的介面元素，並把它們在螢幕上的編排變得好懂和易用。任務有可能會跨越很多個螢幕頁面，但每個都涵括了一組不同的介面元素供使用者運用。哪個功能應該放在哪個螢幕上是結構層中的互動設計該處理的議題；而這些功能該如何在螢幕上被具體執行就是介面設計了。

成功的介面可以讓使用者立即注意到真正重要的東西。也就是說，不重要的東西就不顯眼——甚而，有時是因為不重要的東西壓根就已不在那兒了。設計複雜系統介面的最大挑戰之一就是搞清楚用戶不需要處理哪些層面，並且減少它們出現在視域中（或根本就把它們排除掉）。

對於有開發程式背景者而言，這樣的思考角度是需要調適的。因為，很有可能跟他們習慣的既有思路不同。好的程式設計師總是會考量那些幾乎不太發生的狀況（以開發術語稱作「邊緣情況」）。畢竟對於程式設計師而言，最崇高的成就就在於能夠創造從不出錯的系統；但不考慮邊緣情況的程式很有可能就會在那些極端狀況中出錯。因此程式設計師的養成就是要平等對待每個可能性，不論它背後代表的是一個用戶、或是一千個。

這樣的做法在介面設計是行不通的。若設計介面時，給予少數極端狀況者跟其他絕大多數使用者需求同等的權重，那麼介面最終會設計不良且兩方不討好。好的介面設計能組織好哪些是用戶最常用的功能，並讓相關的介面元素非常容易取用。

這並不表示每個介面設計問題的解答就是把使用者最可能點擊的按鈕變成頁面中最大的那個。介面設計可以採用許多不同技巧，讓使用者完成目標的過程更為容易。一個簡單的伎倆就是深入思考用戶第一次看到介面時，哪些應該設為預設選項。若根據你所理解的使用者任務以及目標，你認為大多數人會希望看到詳細的搜尋結果而非簡短版，那麼把「顯示更多細節」的勾選框預設為選取，就代表了很多人會相當滿意自己所得到的結果，不論他們是否有花時間閱讀勾選框旁邊的說明文字並做出決定。更好的系統設計就是能自動記起來用戶上次選的選項，但這比表面上看來對技術的要求更高，而且可能對某些開發團隊而言相當不切實際，無法成功落實。

科技工具自身的侷限會限縮我們所能使用的介面選項。這同時有好有壞。壞處是可能會限制住創新的機會——某些用一種技術創造出的介面，用另一種技術也許根本無法完成。但這也是好的，因為用戶只需要學習較小範圍的標準控制方式，就可以把習得的知識應用到更廣泛的產品上。

介面慣例看似從未改變，但他們實際上是有改過的，只是非常緩慢。新科技有時會導致重新檢視現有慣例，或是發想新慣例的需求。使用者經驗設計師持續尋找針對手勢控制和觸屏裝置等科技的新慣例。大多數基於螢幕衍生的產品，其標準控制方式來自桌面電腦作業系統像是 Mac OS 或是 Windows。這些作業系統提供很多基本介面要素：

複選框（checkboxes）允許使用者獨立選取各個選項。

　　☐ Checkboxes are independent
　　☑ So they can come in groups

　　☐ Or stand alone

單選鈕（radio button）允許使用者從一組互斥選項中選擇其一。

　　○ Radio buttons
　　○ Come in groups
　　○ And are used to make
　　◉ Mutually exclusive selections
　　○ Burma-Shave

文字方框（text fields）允許使用者——等等，做啥呢？——輸入文字。

```
Text input fields let you input text
```

下拉選單（dropdown lists）有點類似單選鈕，但用較少的空間完成這件事，允許更有效率地顯示更多的選項。

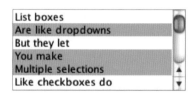

多重下拉選單（list boxes）跟複選框提供一樣的功能，但他們在較有限的空間內完成（因為有滾動捲軸）。跟下拉選單一樣的是，能夠顯示大量選項。

```
List boxes
Are like dropdowns
But they let
You make
Multiple selections
Like checkboxes do
```

按鈕（action buttons）能做很多不同的事情。通常，它們告知系統接受用戶透過其他介面要素所提交的所有資訊，並針對這些訊息採取某些動作。

Buttons perform actions

有些科技也提供同樣一套基礎元件，但不會強迫設計師使用，而且針對介面該如何回應用戶的動作時，允許較高程度的靈活彈性。結果是，這些介面在設計過程就會有超多決策要思考，而且，會更難做出正確的決定。

下拉選單（圖左）在視域上隱藏了重要選項，因而可能妨礙用戶。單選鈕（圖右）很容易一覽所有可能的選項，但佔用了較多的視覺空間。

周旋於這麼多不同的介面元素，從中作選擇，勢必牽涉到權衡問題。的確，下拉選單和一套單選鈕相比起來，可以節省某些螢幕空間，但它也會使用戶無法一覽全貌。讓人們輸入自己想搜尋的類別，能減少資料庫的負荷，但這負擔移轉到用戶身上；若不論如何，總共就只有六個選項，那也許用複選框會更好。

導覽設計

網站的導覽設計看似簡單：把連結放上每個頁面，讓使用者能夠瀏覽穿梭網站。然而若你去除掉介面，導覽設計的複雜性就立馬顯現。任何網站的導覽設計都必須同時達成下述三個目標：

▶ 首先，必須提供使用者能夠從網站一處到達另外一處的方式。因為把每一頁和其他頁面全部連結起來經常是很不實際的作法（而且，就算可行，通常不是個好的做法），因此得選擇那些能促進用戶作為的導航元素——喔，而且啊，得確保那些連結必須正常運作。

▶ 其次，導覽設計必須傳達所包含內容之間的關係。光提供一個超連結清單是不夠的。這些連結彼此之間的關係為何？是否其中某些比其他更重要？它們的差異在哪？有效傳達這些訊息，對於使用者瞭解到底哪些選項是比較合適的，相當重要。

▶ 再者，導覽設計必須要傳達內容和用戶當前瀏覽頁面之間的關係。為什麼這些東西出現在我正在瀏覽的頁面上？好好傳達這些訊息可以幫助使用者瞭解哪些選項可能最能幫助他們達成任務或目標。

即便是對於那些不是資訊導向的產品——甚或根本不是網站者，這三個考量仍舊站得住腳。除非你所有的功能都塞在單一介面上，不然，你就得有某種導覽方式幫助使用者摸索方向。在物理空間中，人們可以某種程度上依賴天生的方向感來導引自己。（當然，有些人似乎永遠都處於迷失方向的狀態。）但是那個幫助我們在真實世界中找到方向的大腦機制（「我想想看喔……我覺得我進來的那個入口應該在我左後方。」），在資訊空間中幾乎毫不管用。

這就是為什麼網站的每一頁都必須清楚告知使用者現在他們在網站的何處，以及他們可以往哪走。而在資訊空間中，到底用戶需要多依賴自己來摸索方向仍備受爭議：有些人強烈偏向讓使用者造訪網站時，腦中已有一些概略的地圖，就像他們去逛五金行或是圖書館時一樣；其他人則主張使用者可以幾乎完全依賴導覽或是在眼前的方向標示，彷如在網站中，每走一步，很快就會忘光光他們做過什麼事。

我們很難確知人們腦中如何理解網站的結構（或是能理解多少）。在搞清楚這件事以前，最好的方法就是假設用戶在轉換頁面時，根本不會承接上一頁的資訊。（畢竟，如果類似 Google 的公共搜尋引擎收藏了你的網站，那麼幾乎每個頁面都可能是作為你網站的入口。）

大多網站通常都會提供多重的**導覽系統**（navigation system），每個都有獨自特定的角色，讓用戶可以在不同狀況下成功瀏覽網站。實用上有幾種常見的導覽系統類型。

全域導覽
（global navigation）

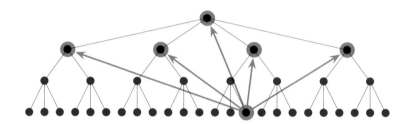

全域導覽（global navigation）廣泛掃視整個網站。這兒用「全域」這個詞不見得代表這個導覽會出現在網站中的每一頁 —— 雖然這不見得是個壞主意。（我們用「固定（persistent）」這個詞來表示貫穿整個網站的導航元件；不過，得提醒的是，固定的元素也不見得就屬於全域導覽。）全域導覽集結使用者最有可能使用、從網站一端到達另一端的那套關鍵連結點。導覽列連結網站所有的主要區塊，便是全域導覽的典型範例。任何你想去的地方，你（終究）可以利用全域導覽抵達。

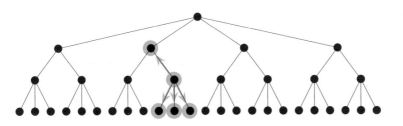

局部導覽
（local navigation）

局部導覽（local navigation）讓用戶瞭解在此架構中，此位置的附近有啥。在嚴格的層級架構中，局部瀏覽可以相當輕易瀏覽當前頁面的父、兄弟姐妹以及子級頁面。若你的架構確實反映了用戶對於此網站內容的思路，那通常局部導覽會比其他導覽系統更有用。

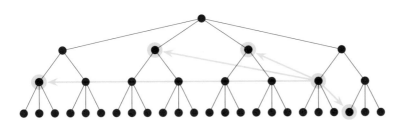

輔助導覽
（supplementary
navigation）

輔助導覽（supplementary navigation）提供了全域或是局部導覽無法抵達的相關內容的捷徑。這類的導覽對於第五章提到的分層面的分類有些好處，（允許使用者轉換他們探索內容的焦點，而不需從頭來過。）而且同時還讓網站保持主要的層級架構。

文內導覽
（contextual navigation）

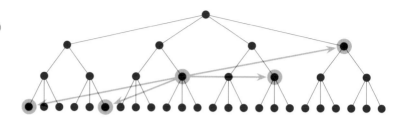

文內導覽（contextual navigation 或 inline navigation）是嵌入在頁面內容的導航。這種導航——舉例來說，頁面文字的超連結——通常運用得都過猶不及、不是很恰當。當用戶閱讀文字時，通常正好就是他們決定需要更多資訊的時候。與其強迫他們掃視頁面找尋正確的導覽元素——或更糟的是，送他們回搜尋引擎亂查，何不直接把合適的超連結文字加在正在閱讀的文字段落呢？

回溯至策略層的初衷，你越瞭解用戶和他們的需求，你就能越有效地配置文內導覽。若它們無法準確地支持用戶的任務和目標——若你的文字塞滿了超連結，導致使用者無法挑選出符合自身需求者，文內導覽就會看起來雜亂無章。

友好導覽（courtesy navigation）提供用戶平時不太經常需要的連結，而那些連結大多是挺方便的。在真實世界中，零售店通常把營業時間放在大門口。對多數顧客而言，大多時候，這個資訊不是很有用：任何人通常都可以很快知道這個商店到底是否正在營業中。但是，這些信息擺在那兒，當他們需要的時候可以查找，這的確是很有幫助的。關於聯繫方式的連結、使用者意見調查表單以及法律聲明等通常都會落在友好導覽的範疇。

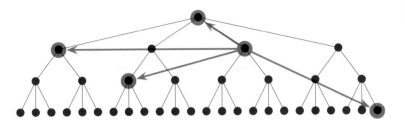

友好導覽
（courtesy navigation）

有些導航並沒有包含在網頁的結構之中，而是自己獨立於內容或是網站功能之外。這些稱作**遠程導覽**（remote navigation），當用戶對你所提供的其他導覽系統都深感挫敗，或是，看過你的導覽系統後迅速決定放棄時，這時遠程導覽就可能是管用的工具。

網站地圖（site map）是個常見的遠程導覽工具，提供使用者一頁整體網站架構的簡潔梗概圖。網站地圖經常可一覽網站層級，所有最高層級區塊的連結、然後把次高級區塊縮排在下方。網站地圖通常不會顯示多於兩個層級──因為多於此數字，就會提供超出用戶需求的瑣碎細節。（倘若顯示多於兩個層級，並未顯現過於繁瑣的細節的話，這大概就表示高層級的結構劃定得不夠好。）

索引（index）是以字母排序、連結到相關頁面的主題清單，很類似書籍背後附的參照索引表。這類型的工具對於擁有大量內容、涵蓋不同主題的網站非常有效。在大多數情況下，網站地圖和仔細規劃的結構應當就已足夠了。索引有時會為了網站的特定部分而訂立，而不一定需要涵括整個網站的內容；當你的網站想要服務擁有不同資訊需求的用戶時，運用索引相當有用。

資訊設計

資訊設計很難入門。但它通常像膠水一樣,把其他設計要素黏合在一塊兒。資訊設計最終其實就是決定如何呈現資訊、讓人們容易使用或是更好理解。

有時資訊設計很關乎視覺。圓餅圖是最好呈現資料的方式?或是柱狀圖對我們的用戶更好些?望遠鏡的圖標比較能表達搜尋網站的概念,還是,放大鏡會更容易理解?

有時,資訊設計則是關於如何分組和整理資訊片段。我們通常把這個層面的設計視為理所當然,因為我們常常看到分組整理的資訊,就習以為常了。比方說,看看下述列表:

- ▶ 州別
- ▶ 職稱
- ▶ 電話號碼
- ▶ 地址
- ▶ 姓名
- ▶ 郵遞區號
- ▶ 公司
- ▶ 城市
- ▶ E-mail

看來有些霧煞煞吧？因為我們習慣這樣排列：

- ▶ 姓名
- ▶ 職稱
- ▶ 公司
- ▶ 地址
- ▶ 城市
- ▶ 州別
- ▶ 郵遞區號
- ▶ 電話號碼
- ▶ E-mail

或是，可以進一步整理成這樣，更清楚：

- ▶ 個人資訊
  - ▶ 姓名
  - ▶ 職稱
  - ▶ 公司
- ▶ 位置資訊
  - ▶ 地址
  - ▶ 城市
  - ▶ 州別
  - ▶ 郵遞區號
- ▶ 聯絡方式
  - ▶ 電話號碼
  - ▶ E-mail

這例子似乎簡單明瞭，但換個清單，就知道挑戰在哪了：

▶ 功率限制

▶ 轉軸尺寸

▶ 油箱容量

▶ 變速箱類型

▶ 角速率中位數

▶ 底盤類型

▶ 最大輸出功率

當然，關鍵是，以能夠反映用戶思路並支持他們完成任務和目標的方式來編排分類資訊元素。這些元素之間的概念關係可謂微觀的資訊架構；當想要在頁面上傳達架構時，資訊設計就派上用場了。

面對介面設計問題時，資訊設計扮演重要的角色，因為介面本身不但必須要從用戶身上搜集資訊，同時也得將資訊傳達給用戶。欲創造成功的介面，其中錯誤訊息就是經典的資訊設計問題；說明訊息也是，最大的挑戰之一就在於如何讓人們真的去讀那些指示。每次系統必須顯示訊息以讓用戶能成功使用介面時──不論是因為用戶犯錯，或是因為他們剛開始使用需要教學，這都屬於資訊設計問題。

尋路

資訊設計和導覽設計所共同支持的重要功能就是**尋路**（wayfinding）——幫助人們明白他們現在在哪還有他們可以去哪。尋路這個想法來自於真實世界中公共空間的設計。公園、商店、道路、機場和停車場都受益於各種尋路指標。舉例來說，停車場車庫通常會用顏色編碼提供人們線索，幫助他們記下自己停車的地方。在機場，標誌、地圖和其他指標都能幫助人們找路。

在網站中，尋路通常跟導覽設計以及資訊設計有關。網站所採用的導覽系統不只要讓人可以到達網站不同的區塊，同時也得把這些選項傳達清楚。好的尋路指示讓用戶很快建立心理圖像，瞭解自己在哪、可以去哪，以及做哪些選擇可以讓他們更接近自己的目標。

尋路的資訊設計元素包含不具備導覽功能的頁面元素。比方說，某些網站就像停車場車庫一樣，成功運用顏色編碼來告知用戶哪個區塊是目前正在瀏覽的部分。（但是，顏色編碼幾乎從來不會單獨使用——其實，通常是用於強化另一套已經實施的尋路指標。）圖標、標籤系統和字體是其他資訊設計的選項，可以用來幫助用戶加強「你正在這裡」的感覺。

線框圖

頁面佈局就是資訊設計、介面設計以及**導覽**設計三者集大成，合而為一，變成統一而凝聚的架構。頁面佈局必須結合所有類型的導覽系統、其中每一個都用不同視角切入網站的結構；所有為了實現此頁面的功能所必要的介面元素；以及能兼容上述兩者的資訊設計，也包括頁面內容本身的資訊設計。

一次得把很多東西搞對呢。這就是為什麼頁面佈局被詳實記錄成一個文件，稱作頁面示意圖，或是線框圖（wireframe）。線框圖（如同其名）就是直白地描繪頁面所有元素以及他們如何結合在一塊。

線框圖捕捉所有框架層的決策，並用單一文件呈現。做為視覺設計以及網站實施時的參考。線框圖可以涵蓋不同程度的細節——你看到這個是相當粗略的版本。

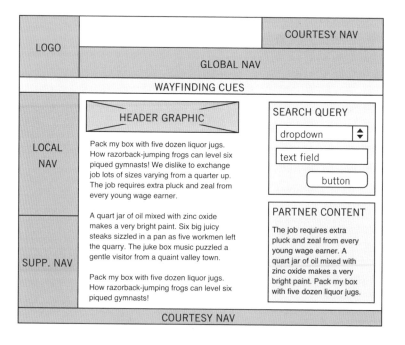

這些簡單線條構成的圖通常都會有很多註解，讓讀者可以順便參酌架構圖或其他互動設計文件、內容需求或功能規格，或是參照其他類別的紀錄文件。舉例而言，若線框圖涉及特定已知的內容元素，它會指出哪邊可以找到這些內容。另外，線框圖通常會添加輔助說明，明確指出那些光看線框圖和架構圖可能不太明白的互動行為。

許多層面而言，我們在結構層所看到的架構圖是專案的宏大願景；而在框架層，線框圖則是展示願景該如何被具體執行的詳細文件。線框圖有時需要複雜的導覽規格相配合，以便能詳述各種導覽元件的組成細節。

對於更小或是更簡單的產品而言，線框圖就足夠作為所有即將建立的頁面模板。但是對很多專案而言，需要更多的線框圖才得以有效傳達預計執行的複雜成果。然而你大概也不需要把每個頁面都畫出線框圖，就如同結構流程時，我們把內容要素大致區分成不同類別一樣。依據產品功能和導覽的差異，繪製線框圖的過程中，一個相對數量較少的標準頁面類型會逐漸浮現。

正式建立網站視覺設計的流程中，線框圖是不可或缺的第一步，幾乎每個參與開發流程的一份子都可能會用上它。負責策略、範圍以及結構層的人可以參考線框圖來確認最終產品能夠符合預期。真正負責建造產品的人可以看線框圖來回答到底網站該如何運作的問題。

線框圖本身作為資訊架構和視覺設計的匯集處，時常是爭端的焦點。使用者經驗設計師抱怨創造線框圖的視覺設計師把導覽系統背後的架構畫得模糊不清。視覺設計師則抱怨由使用者經驗設計師製作線框圖，會把他們的角色制約成僅僅是照號碼著色的繪圖技師，純然浪費了他們處理資訊設計問題時的經驗和視覺傳達的專長。

當你把使用者經驗設計師和視覺設計師區分開來，創造線框圖的成功之道唯有透過彼此合作。必須要一起坐下來想清楚線框圖的過程讓雙方都能以對方觀點設身處地思考，這個過程能幫助早期發現問題。（而非等到產品都造好了，大家才開始困惑為何沒有如同計畫中那樣運作。）

這一切都讓創造線框圖聽來像是艱鉅繁重的任務。但並不必然。創造文件本身絕對不是目的；僅僅只是達成目的的一個方式而已。為了文件本身而創造文件這件事不僅僅是浪費時間——同時降低生產力並打擊士氣。根據你的需求而產出合適詳略程度的文件——但也不要欺騙自己總用簡略記錄矇混過去，這樣就可以把文件從麻煩差事變成一項優勢。

我曾製作過最完整的線框圖其實不過就是鉛筆的素描、黏上一些便利貼。對於設計師和程式設計師比鄰而坐的小團隊，這個程度的文件紀錄已是綽綽有餘。但當程式設計變成一個團隊而非只是一個人時──甚至那個團隊可能在世界的另一端，那麼就需要更正式一點的文件了。

線框圖的價值在於它整合結構層的三個要素：藉由排列和揀擇所需的介面元素整合介面設計、透過確認核心導覽系統為何整合導覽設計、經由放置和決定資訊元件的優先順序整合資訊設計。透過將所有三者結合成單獨的文件，線框圖可以定義出構建在底層概念結構上的骨架，同時指出表面上視覺設計的方向。

chapter 7

表面層

感官設計

表面層

 框架層

 結構層

 範圍層

 策略層

在五層模型的頂端，我們把注意力移轉到那些使用者會首先注意到的產品層面：感官設計。在此，內容、功能和美學齊聚，產製出能夠同時滿足感官和其餘四個層面的目標的最終設計。

表面層的定義

在框架層，我們主要處理的是事物的排列。介面設計關乎擺放元素以利互動；導覽設計擺放元素以便引導使用者瀏覽產品；資訊設計則是以傳達資訊給使用者為目的來排列元素。

往上至表面層，在此要解決的是**感官設計**，以及如何透過有邏輯的排列擺設來彌補產品結構很抽象的呈現問題。舉例來說，透過資訊設計，可以決定我們應該如何把頁面上的資訊要素分組排列；關注視覺設計則能確定視覺上該如何呈現。

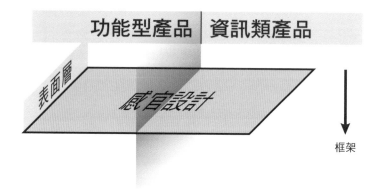

瞭解感官

我們所經歷的每個體驗——不只是產品或服務，而是跟這個世界或是人們彼此之間，基本上都是由我們的感官所知覺。設計流程中，這是呈現經驗給使用者前的最後一道關卡：決定我們的設計如何能夠體現到人們的感官上。可以依賴五感（視、聽、觸、嗅、味覺）的何者端看於我們在設計哪種類型的產品。

嗅覺和味覺

除了食物、香水或帶有香氣的產品，不然嗅覺和味覺很少納入使用者經驗設計師的考量。當然，人們有時會依據產品的味道而有強烈的聯想——像是，經證實的那種新車的氣味，太受歡迎以致有些不見得是新車也會添加，但這些味道通常都是產品製造過程選用的材質所致，而非經驗設計師的決策。

觸覺

實體產品的觸覺體驗通常視為工業設計的範疇。工業設計師最注重的是使用者和產品的實質接觸。其中包含了介面以及互動設計的元素（比方說行動電話上按鈕的陳列），還有純粹的感官考量，例如裝置的形狀（圓的？方的？）、使用的材質（圓滑？粗糙？）以及運用的材料（塑膠？金屬？）。感謝震動型裝置的誕生，基於螢幕而設計的體驗也可以有不同的觸覺規格。行動電話和電動遊戲控制器都能運用震動和使用者溝通。

聽覺

聽覺在很多類型的產品中都扮演要角。想想所有那些一般汽車中所傳出的不同嗶嗶或嗡嗡聲的訊息：告知你的頭燈打開了、安全帶沒扣好、車門沒關妥，但鑰匙卻插在啟動孔上等。聲音不只能用來告知使用者，同時也能讓產品充滿個性。比方說，任何 TiVo 的使用者都能輕易想起導覽時響起的各種不同的 Bing!Boop!Bump! 聲音。

視覺

這是使用者經驗設計師最棘手之處，因為視覺設計幾乎在各種類型產品中都會觸及。因此，本章餘下的篇幅都將聚焦視覺設計如何輔助使用者經驗。

起初，你可能會認為視覺設計就跟美學有關。每個人的品味不一，而且對於視覺上吸睛的設計的想法都不一樣，所以每個設計選擇的論據就純關乎個人偏好，對吧？嗯，的確，每個人對美感見解殊異，但這不意味著設計選擇就必須根基於所有人對於「酷」的共識之上。

因此，你應當專注於事物是否運作良好，而非單純用美感上令人愉悅來評估視覺設計。設計是否有支持表面層之下各層的目標？例如，產品的外觀是否破壞了結構，使得結構中各個區塊之間的區別變得模稜兩可？或是視覺設計是否澄清了使用者可用的選項，強化了產品的結構？

打個比方，傳達品牌識別是網站常見的策略目標。品牌識別由許多方面構成——網站所使用的文字或是網站功能的互動設計，但其中最主要用來溝通品牌識別的工具就是視覺設計。若你想傳達的形象是技術性和權威感，運用漫畫風字體還有明亮粉色可能就不是正確的選擇。這不關乎美感，而是策略問題。

忠於眼睛

一個簡易評估產品視覺設計的方法就是提出這樣的問題：視線首先該落在何處？哪個設計元素能夠最先擷取使用者的注意力？它們對於產品策略目標而言是重要的東西嗎？或是使用者最先注意的東西事實上和他們的（或你的）目標南轅北轍嗎？

研究員有時使用精密的眼動儀來確認受測者到底在看啥，以及他們的視線是如何在螢幕上流轉。但若你只是要微調產品的視覺設計，通常簡單詢問人們——或是問問你自己，如此即可。這種方法雖然無法提供最精準的結果，也無法捕捉到所有眼動儀能追蹤的所有細節。但大多時候，簡單地詢問問題完全可行。另一種找出主要設計元素的方法就是瞇著眼睛或是模糊視焦直至看不清細節——或走到房間另一端，然後從那兒看產品。

接著試著確認視線在哪。若你本身就是受測者，試著注意你的眼睛在頁面上無意識的移動。不要想太多自己到底在看啥；只要很自然地觀看頁面。若其他人是你的受測者，那請他們依序指出頁面上吸引他們的元素。

一般而言，你會發現人們視線移動的方式遵循相當一致的模式——畢竟，其中大多數是無意識的、直覺式的動作。若受測者回報他們的視線移動和其他人的模式相當不同，他們大概沒有真正察覺到自己最本能的視線移動，或是，他們想告訴你他們所認為你想聽到的答案。（或兩者皆是。）

若你設計良好，使用者視線移動的模式會有兩個重要特點：

▶ 第一，流暢的路線。當人們評論設計有點太「忙碌」或「擁擠」時，真正反映的是設計並沒有流暢地引導他們。反倒讓他們的眼睛必須在各種試圖引起注意的元素之間不斷跳轉。

▶ 第二，在可行範圍內給予使用者某種導引、且不需使用過多細節。就同前面不斷提到的，那些導引方式都應支持使用者跟產品互動時，想要達成的目標和任務。也許更重要的是，不該分散使用者對於能夠幫助完成那些目標的資訊或功能的注意力。

使用者在頁面上的視線移動並非隨機。那是一系列複雜的、針對視覺刺激所產生的原始本能反應。幸運的是，對我們設計師而言，這些反應並非完全不受控的──數世紀以來，我們已經發展出各式各樣有效的視覺技巧來導引注意力。

對比和一致性

這不關乎美感，而是策略問題。

視覺設計中我們用來吸引使用者注意力最主要的工具就是**對比**（contrast）。沒有對比的設計被視為灰色、無特色的一團東西，導致使用者的視線游離而無法聚焦在特定事物。對比對於導引使用者的注意力到介面上的關鍵部分是很重要的，對比可以幫助使用者瞭解頁面上導覽元素之間的關係，並且是資訊設計中傳達概念群組的主要手段。

當某些元素在設計中顯得突出時,使用者就會注意到。他們無法克制。你可以利用這個本能行為,把那些使用者真正需要看到的東西,從其餘元素出突顯出來。網路介面中的錯誤訊息通常挑戰在於和頁面其他部分融為一體;把文字著上不同的顏色(比方說,紅色)使之對比出來,或是,利用大膽圖像來強調,那麼一切就會完全不同了。

在視覺中立的佈局(左上),沒有任何元素特別突出。對比能用來導引使用者在頁面上移轉的視線(右上),或是,把注意力聚焦在關鍵元素上(左下)。過度使用對比會造成混亂擁擠的感覺(右下)。

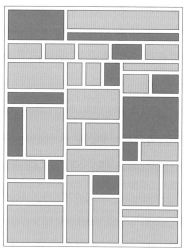
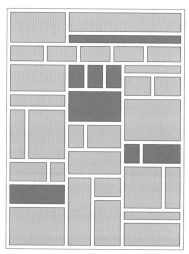
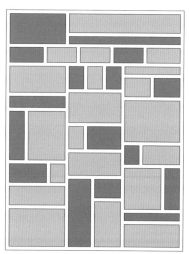

然而要讓這策略可行，差異必須顯著，才能讓用戶清楚理解某個設計選擇的意圖在於要表達某些事情。當兩個設計元素的處理手法相似卻又不太一樣時，使用者會倍感疑惑。「為什麼那些會不一樣？它們是否應該本來是一樣的？或許這只是一個小錯誤。或者，我是否其實應該要在這注意某些東西？」我們希望兩者都能吸引用戶的目光，並讓他們認為這是刻意為之的設計。

在設計中保持**一致性**（uniformity），方能確保設計能有效傳達訊息，而不會讓使用者困惑或是焦慮。一致性在視覺設計的諸多層面都有作用。

維持一致的元素尺寸大小，讓你在需要重組元素成為新設計時，更簡易方便。舉例而言，若所有導覽的圖形按鈕都是同樣的高度，他們就可以在需要時彼此混搭，而不會打亂佈局或是得產出新的圖形。

網格佈局（grid-based layout）是來自印刷設計的技術，在網頁上也同樣有效。此法把母版（master layout）當作不同佈局變化的模板，來確保設計的一致性。不是所有佈局都使用網格上的每個部分──事實上，大多數佈局大概只會用到一些，但每個元素在網格上的佈置都必須是統一且一致的。

網格佈局確保多樣化
的設計仍能有共通的
視覺次序。

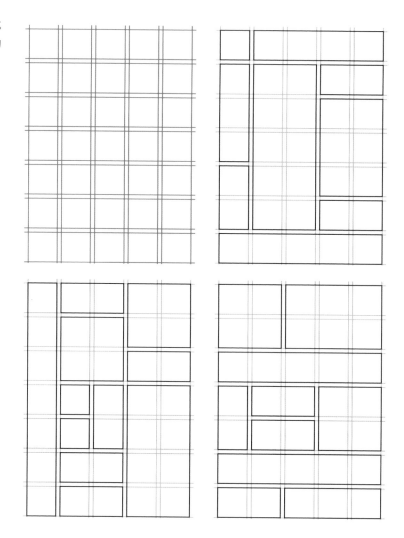

然而因為裝置、螢幕尺寸和解析度的差異，針對螢幕使用網
格佈局設計不使總像印刷設計時那般單純。很容易會掉進堅
持使用網格系統的陷阱——或是任何一種能確保一致性的標
準，甚至當它很明顯根本行不通的時候。沒有設計標準的混
沌狀態下工作是不好的，但是嘗試想要在設計標準的束縛下
工作，但很明顯標準已經不符你的所需時，這會更糟。也許

產品已經具備新的功能、而當網格建立時根本沒人想像得到
那些新功能；或是，網格從一開始就不太行得通。不論理由
為何，重要的是能夠認知到何時應該重新考慮你的視覺設計
系統的基礎。

內部和外部的一致性

因為網站開發的方式——零碎、臨時，並與組織中正在進行
的其他設計工作隔離，視覺設計上的一致性早已是揮之不去
的困擾。遇到的問題大致區分為兩種形式：

▶ 內部一致性：產品中的不同部分使用了不同的設計
　方法。

▶ 外部一致性：產品並未使用和同公司創造的其他產品
　相同的設計方法。

解決內部一致性的好方法在於深刻瞭解網站的框架。關鍵在
於能夠指出那些不斷在產品的不同介面、導覽還有資訊設計
中重複出現的設計元素。藉著在設計前就把那些設計元素從
不同的情境中抽離出來，我們可以更清楚看清嘗試想要解決
的小規模的問題，而不會被情境所致的大規模問題分心。

要讓這方法行得通的話，我們必須檢查設計元素出現在不同情境時所做的設計呈現。也許碩大圓形的紅色「停止」按鈕在結帳頁面還頗有成效，但在擁擠的產品客製化頁面上，視覺成效可能就沒那麼好了。最好的方式就是在設計每個元素時，試試看應用在多種情境，然後再根據需要調整設計。

即便大多設計元素都會彼此獨立地設計出來，它們彼此仍要搭配。成功的設計不是只是小巧且精心設計的物件集合；這些物件反倒應當共同組成一個凝聚貫通的整體系統。

貫徹一致的跨媒體設計並呈給受眾──顧客、潛在顧客、股東、員工或一般路人，形塑了統一的品牌識別印象。品牌識別的一致性應當在產品視覺設計的各個層面顯現，從出現在各螢幕上的導覽元素到只嬌羞出現過一次的按鈕皆然。

若網站呈現的風格和其他媒體上塑造的風格不一致不僅會影響受眾對於產品的印象；也會影響對於公司整體的觀感。對於形象鮮明的公司，人們通常持正面態度。不一致的視覺風格會削弱清晰的企業形象，並讓受眾感覺這公司似乎還沒搞清楚自己是誰。

配色色盤和字體排版

色彩可能是最有效傳達品牌識別的方式之一。有些品牌和色彩緊密連結，有時想起公司時很難不自動想到其代表色——想想可口可樂、UPS 或是柯達軟片。這些公司多年來都持續使用一致的顏色（紅、棕、黃），以在大眾心中刻印下其難以抹滅的識別印象。

當然這不表示他們就只單用這些顏色。品牌的核心顏色通常隸屬於一個能使用在公司各種成品上的廣義**配色色盤**（color palette）。公司標準色盤中的顏色是根據它們彼此有多互補搭配、互不搶戲而特地挑選的。

配色色盤必須納入一些能夠有廣泛用途的顏色。大多數情況下，亮色或大膽的顏色可以用做設計的前景色——用在需要吸睛的元素。比較柔和的顏色最好用在那些不需要跳出整個頁面的背景元素。先想好一系列的色彩供揀選取用，這就是讓我們能做出有效設計選擇的工具箱。

就如對比和一致性對視覺設計的其餘方面很重要一樣，它們在創造配色色盤時也不可或缺。當用在相同情境下，選用彼此相似卻又不相同的顏色會破壞配色色盤的溝通成效。

Orbitz 使用相當侷限
的配色色盤（上），
來分辨網站上的產品
特點和功能性（下）。

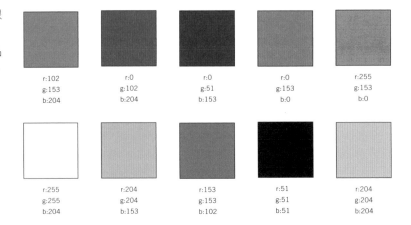

r:102	r:0	r:0	r:0	r:255
g:153	g:102	g:51	g:153	g:153
b:204	b:204	b:153	b:0	b:0

r:255	r:204	r:153	r:51	r:204
g:255	g:204	g:153	g:51	g:204
b:204	b:153	b:102	b:51	b:204

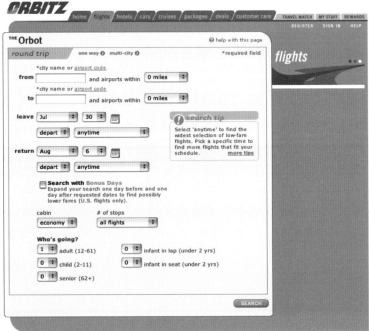

一點暗紅或是暗藍色之類的。這只是說若你想要區分出暗紅色，你要確定它們彼此之間差異夠明顯，能讓使用者辨別，並確保你使用它們的方式相當一致。

對某些公司而言，**字體排版**（typography）——使用字型或字體來創造出特定的視覺風格，對於其品牌識別非常重要，以至於他們已經使用專門量身打造的字體。從 Apple 到 Volkswagen、倫敦地鐵（London Underground）或甚至 Martha Stewart 都使用訂製的字體，以在各種溝通傳達中塑造更強的品牌意識。即便你沒有採取這種手段，字體仍然可以作為透過視覺設計有效傳達品牌識別的一環。

對於內文的字體——任何可能會用大區塊呈現的內容，或是，用戶必須閱讀較長的篇幅時，越簡潔越好。當閱讀大量華麗字體的文字時，眼睛很快就會疲累。這就是為什麼 Helvetica 或是 Times 這種簡單的字體會如此廣泛使用。不過，它們不是你唯一的選擇；也是不必犧牲風格來追求可讀性。

對於較大的文字元素，或像是那些在導覽元素上出現的短標籤文字，有點個性的字體是完全合適的。不過要謹記目標是不要讓用戶感到視覺擁擠了，採用過多不必要的字體——或不一致地使用了少量的字體，就會造成那種擁擠感。大多數時候，你不需要那麼多字體來達成所有的溝通需求。

有效運用字體的原則其實就跟視覺設計其他面向的原則相仿：不要使用那些看來相似卻不盡然雷同的風格樣式。不同的樣式只用來表示你嘗試溝通的訊息的差異。不同樣式之間要有有足夠的對比，才能依據需要吸引用戶的注意力，但也不要用一堆不同的樣式讓設計超載。

設計成品和風格指南

視覺設計領域中，最直接類比線框圖的就是視覺稿（mock-up）或**設計成品**（design comp）。設計成品這詞含有「綜合」的涵義，因為確切來說，它就是視覺化由選定的元件共同組成的產品成品。設計成品展現了所有部分如何一起凝聚成一個整體；或是，若它們無法凝聚，那它也顯現了崩解所在，並嗅出任何解決方案都必須納入考慮的限制。

你應當能看出線框圖和設計成品中的組件之間存在簡單一對一的相關。設計成品也許無法忠實再現線框圖的佈局——事實就是它很可能不會。線框圖不考量視覺設計的顧慮，側重記錄框架層。著手設計成品前，建造線框圖允許我們能先單獨查看框架上的問題，接著再關注表面層的問題。儘管如此，線框圖中的核心概念，特別是攸關資訊設計者，都應該很直觀在設計成品中呈現，即使也許不見得精確地按照線框圖來排列。

視覺設計不一定要精準按照線框圖──只要考慮到元素之間的相對重要性以及線框圖中各元素的組合關係即可。

當然，創造所有文件相當繁雜，但都出自很實際的理由：隨時間流逝，我們當初決策的原因會隨記憶淡去。那些為了處理「在特定情況下出現的某問題所作的臨時決定」和「那些試圖要為未來設計任務奠基的決策」全部會參雜在一塊兒。

另一個記錄你的設計系統的原因，是因為人們最終都會離職。當他們離開時，他們帶走了關於一個產品如何設計出來、並在每日工作中更加成形的豐富知識。若沒有一個總是符合最新標準以及慣例的風格指南，那些知識就丟失了。隨時間過去，人們轉換職位的同時，整個組織會逐漸受集體失憶所擾，到底當時事情如何完成以及決策背後的原因會轉移到公司其他部分，或者隨工作人員而去。

集結我們所做的設計決策而成的最終文件就是**風格指南**（style guide）。它概要歸結視覺設計的每個層面，從最大到最小的規模。通用標準影響產品的每個部分——例如設計網格、配色色盤、字體排版準則或是品牌標誌應用規範，通常是最先納入風格指南的部分。

風格指南也會包含針對產品特定部分或功能的規定。某些時候，風格指南中的規定會詳細到個別介面或導覽元素的層級。風格指南的整體目標是提供足夠的細節來幫助人們未來能做更聰明的決策——因為大多都已先被事先預想了。

創造風格指南同樣有助於在分權企業中維持設計的一致性。
若網站營運包含各種各樣正在執行的獨立專案，並由散布全
球的人們來完成的話，你的網站很可能看來就是風格和標準
混搭而令人困惑的產品。讓所有人都根據一套統一標準工作
也許相當麻煩，這也是為什麼通常實施風格指南的責任往往
落在比你所預期還要高的公司高層。能夠有個可以參照的風
格指南是讓你的產品看起來協調一致、而非一堆亂七八糟的
東西的最有效方法。

chapter 8

應用要素

不論你的產品多複雜，使用者經驗設計的要素都是一樣的。但是，要能夠把這些要素背後的想法付諸實踐，有時想起來就覺得是個挑戰。這不只是時間或資源的問題——常常是心態問題。

回頭來想想這五個層面——策略、範圍、結構、框架和表面，全都聽起來像大工程。想當然爾，若得仔細注意箇中所有細節大概需要數個月開發期和一組專家來完成，不是嗎？

這可不一定呢。當然，對某些專案和公司而言，雇用專家是最有效分攤責任的方法，畢竟想打造的產品太複雜很難用其他方式解決。而且，因為專家可以全心專注在整體使用者經驗中自己負責的部分，他們通常能把這些問題想得更透徹。

然而大多數時候，只有有限資源的小團隊也能達到類似的成果。有時候，只要一組小團隊事實上就能產出比大團隊更好的成果，因為小團隊更容易彼此溝通對於使用者經驗的共同願景。

設計使用者經驗其實差不多就是大量蒐集所有需要解決的細小問題。成功之道和註定失敗的方法之間的差異，歸根究底在於下列兩點：

▶ **瞭解你到底想要解決什麼問題**。你已經知道首頁的那個大紫色按鈕是個問題。那麼，到底是尺寸大小還是按鈕的紫色需要改（表面）？是按鈕在頁面上錯誤的位置（框架）？還是按鈕所代表的功能並沒有符合使用者的預期呢（結構）？

▶ **瞭解你的解決方案帶來的後果**。記住，永遠都有可能因為你針對其上或下的要素層面所做的決策，而產生漣漪效應。在你的產品中某部分運作良好的導覽設計可能並不符合另一部分結構的需求。產品部分中引導（wizard）的互動設計也許相當創新，但是否符合你那些懼怕科技的使用者呢？

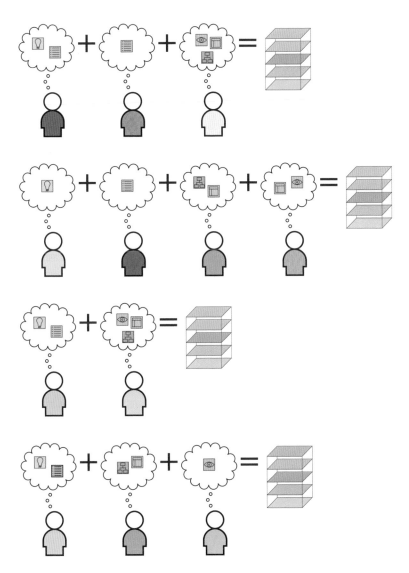

唯有在你的公司中，把五層中的每一層都指派專人負責，才有可能把所有攸關創造成功使用者經驗的重要考量都想過。至於到底在組織中該如何分派這些責任，並不如確保每個使用者經驗要素都有人負責來得重要。

你一定會訝異有這麼多構成使用者經驗設計流程的微小決策，源於不自覺的決定。大多時候，關於使用者經驗的決定會落入下述其中一個狀況：

> ▶ **依現狀設計**（design by default）。當使用者經驗的結構遵循其背後的技術或是組織結構時，這個情況就會發生。把客戶訂單歷史和出帳資訊存在不同的資料庫，也許對你現有的技術系統較為妥當，但以使用者經驗角度而言，把它們區分開來不見得同樣是個好主意。同樣地，對使用者而言，從公司不同部門取得的內容，要是能合併起來、而非各自分開獨立，或許會較好。

> ▶ **仿造設計**（design by mimicry）。當使用者經驗從其他產品、刊物或軟體應用程式中參照相似慣例，而不管那些慣例是否對你的用戶是合適的（或是對於網站本身），那就可能造成窘境。

> ▶ **威權設計**（design by fiat）。當驅動使用者經驗決策的是個人偏好而非使用者需求或是產品目標，就可能造成威權設計。若只因為其中一個資深副總裁很喜歡橘色，配色方案中橘色就佔了主導地位，或是，採取下拉選單作為導覽元素只因為這是首席工程師的偏好，那麼你就完全忽視了本當驅動決策的策略目標和用戶洞見。

適當的提問

設計使用者經驗時，不斷面對那些糾纏待解的小問題有時很令人沮喪。偶爾解決某問題時，會迫使你從頭想過之前你以為早已解決的其他問題。很多時候你得妥協，並評估不同方法之間的利弊得失。當身處在其中、不得不做此類決定而左右為難時，很容易倍感挫折，並開始質疑你是否採取正確的做法。正確做法是決策時依據你對於正在處理的根本問題的理解。關於使用者經驗的各層面，你該問問自己的首要問題就是（同時也是第一個你應該有辦法回答的問題）：為什麼你當初決定要這麼做？

對於你即將面臨的問題，抱有正確的心態來面對是最重要的。使用者經驗設計流程的其他層面很可能因為時程、資金和可用的員工而調整。沒時間蒐集針對用戶的市場研究資料？也許你能找到一些方式重新檢閱你已擁有的資訊，比方說伺服器日誌或是使用者回饋訊息，來感受一下使用者的需求。無法負擔租用使用性測試實驗室嗎？那試試找朋友、家人或同事進行一些非正式測試吧！

切記要抵擋為了省時間或省錢的誘惑，不要粉飾專案裡那些使用者經驗的根本問題。某些專案中，有些人會在流程結尾添加某種形式的使用者經驗評估——在應當著手處理這些問題的正確時機早已遠去之後。當發布日期確定後，直直往發布的終點線邁進、不回首過往，這表面上看似是個好主意，但結果很可能是做出一個達成專案技術需求、可是對用戶而言卻毫無用處的產品。或是更糟，因為只是把使用者經驗評估黏在過程的結尾，可能會發布出一個明知壞掉卻沒機會（或剩餘資金）修正的產品。

有些公司很喜歡這樣的做法，稱之為「使用者接受度測試」（user acceptance testing）。接受度這個詞彙在此處意義昭然——問題不在於他們是否喜歡這產品或會不會使用這產品，而是在於他們是否能接受它？這樣的測試很常在流程的非常末端實施，那時已經有無數根本沒被檢驗過的假設形塑了使用者經驗。想在使用者測試完成品時揭露那些假設可能是極端困難的，因為它們藏在諸多層介面和互動之下。

很多人倡議把使用者測試當作最主要確保良好使用者經驗的方法。這種思路就彷如你應該做出某些東西、把它擺到某些人面前來看看他們是否喜歡它，接著無論他們抱怨什麼就把它修正。可是，這樣的測試永遠不該替代一個思慮周密、獲得充足資訊的使用者經驗設計流程。

詢問用戶那些關於使用者經驗中特定元素的問題，可以幫助你蒐集更為相關的資訊。沒有著眼於使用者經驗要素的使用者測試很可能會提出錯誤的問題，進而得到不正確的答案。就拿測試原型來說吧！心中要明瞭自己到底想要偵查哪些問題，因為這會影響到該如何呈現資訊給受試者，以避免涉及

其他無關面向。導覽欄真的是顏色的問題嗎？還是是源自用
戶對於措辭的反應呢？

你不能單純依賴用戶闡明自身的需求。創造任何使用者經驗
的挑戰在於必須比使用者自身更加了解他們的需求。測試可
以幫助你領會使用者的需求，但這真的只是能達成同樣目標
的眾多工具中的其中一樣而已。

馬拉松和衝刺短跑

就像你不該拿使用者經驗中的任何層面來碰運氣一樣，你也
不該靠運氣完成開發過程。太多的開發團隊總永遠在處理急
迫的危機。每個專案都像是針對某個危機而產生，那麼，每
個專案都永遠在剛開始的時候，就早已落後時程了。

在對客戶描述問題時，我常常把使用者經驗開發過程比喻如
下：是一場馬拉松，而非衝刺短跑。明瞭自己在參與何種競
賽，再據此競逐。

衝刺短跑是短距離競賽。衝刺短跑員在起跑槍響後必須立刻
匯集所有儲備的能量──在數分鐘內迸發所有能量。離開起
跑線的一瞬間，衝刺短跑員就必須盡其所能快跑，並且持續
維持這狀態直至終點線。

馬拉松式長距離競賽。馬拉松跑者也和短跑員需要一樣多的能量，但是他們耗用的方式完全不同。要在馬拉松成功依據跑者能多有效的配速。假設其他條件相同，知道該在何時加速和減速的跑者更有可能獲勝——或至少能夠完賽。

短跑的策略——從開始到結束都盡可能地快跑，看來是這種比賽中唯一明智的作法。也許表面看來，可以把馬拉松當成一系列的短跑——但這樣行不通的。部分原因純粹是因為人體耐力的極限。但還有另外一個因素：為了追求達到極限，馬拉松跑者會持續監控自己的表現，密切注意哪些可能哪些不可行，然後據此調整自己的方式。

產品開發也很少是短跑競賽。更常見的是，有時你會向前推進，建立原型和開展想法，接著有時會緩步撤回，測試已經建造好的東西，看看是否每個組件彼此適配，然後修正專案整體的方向。有些任務最好著重在速度；有些則得重視細膩的手法。好的馬拉松跑者能分辨箇中真味——你也得如此。

設計師和開發人員常常訴苦專案中策略、範圍和結構的失焦。過去我參與過的專案中，這些層面的相關議題都瀕臨被直接全然忽視，而且遠遠不只一個專案這樣。有些人對於那些沒有實質產出網站組件（像是一個圖形或是一段原始碼）的任務都很沒耐性。因此這些任務通常是專案落後時程或是預算超支時，第一個被砍掉的項目。

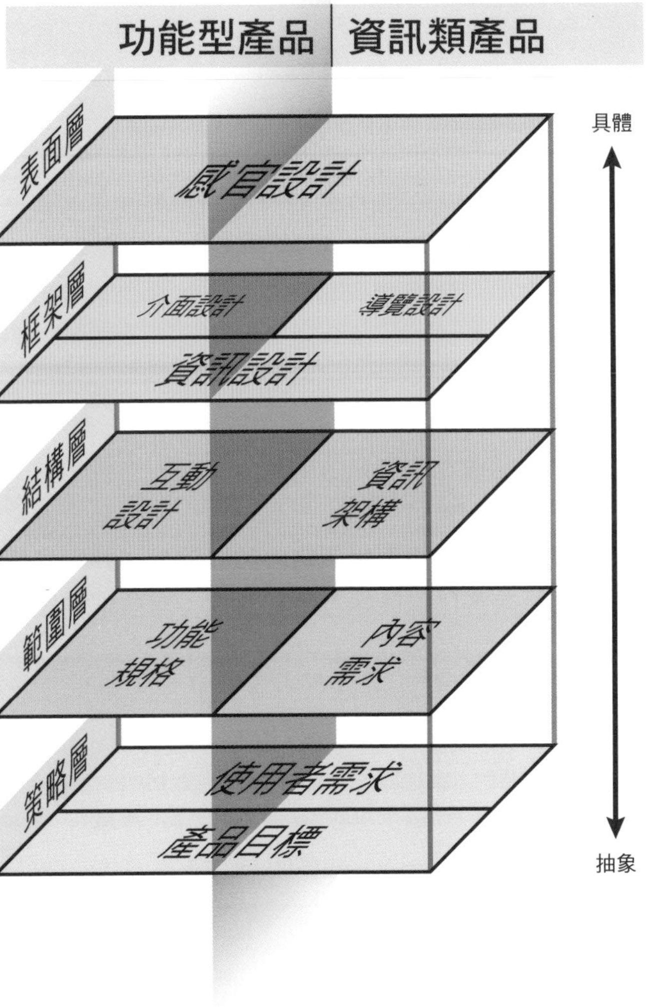

功能型產品　資訊類產品

具體

表面層　感官設計

框架層　介面設計　導覽設計

資訊設計

結構層　互動設計　資訊架構

範圍層　功能規格　內容需求

策略層　使用者需求

產品目標

抽象

但這些任務一開始被納入專案範圍中,就是因為他們是日後成果的必要前置準備。(這就是為什麼五個層面是由底層往上建造,每個都可作為上一層的基石。)當這些任務被取消時,其餘仍在專案時程上的任務和需要交付的成果就滯留在尚未明確的專案脈絡中,彼此都脫節了。

臨近結尾時,你得到一個沒達到大家期望的產品。你不止沒有解決原先的問題,你事實上還給自己造成了新的麻煩,因為現在眼前冒出的下個大專案就是要嘗試解決上個專案中留下的缺陷。接著就重複這無限的惡性循環。

以局外人角度來看產品——或是,以初次投入開發過程來說,很容易會關注在那些較為明顯、接近五層模型較上層的要素,而不會仔細檢視下層。但諷刺的是,事實上那些較為隱微的要素——產品的策略、範圍和結構,對於整體使用者經驗的成敗扮演不可或缺的角色。

多數時候,上層的錯誤會掩蓋下層的成功。視覺設計的問題——擁擠或雜亂的佈局、不一致或是衝突的顏色,會讓用戶迅速失去興趣,也不想挖掘那些你在導覽或是互動設計上做的聰明選擇了。設想欠妥的導覽設計方式會讓你所有嘗試想要創建妥善而靈活的資訊架構的努力看來像是浪費時間。

同樣地，若上層所做的所有正確決策都奠基於較低層所做的錯誤決定，那麼一切也是枉然。網路發展的歷史中到處散落著失敗的網站，因為，即便它們很美，卻可能完全無法使用。純然關注視覺設計而排除其餘使用者經驗要素讓多個新創事業宣告破產，也讓其他公司開始好奇到底網路世界的準則為何。

事情不見得得這樣發展。若產品開發過程中時時把完整的使用者經驗放在心上，就能把產品打造成有價值的資產、而非債務。把每個跟產品使用者經驗相關的事情都仔細思量並明確決策，就可以確保產品能同時滿足你的策略目標和使用者需求。

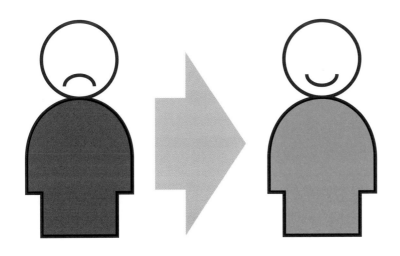

索引

使用者經驗的要素｜跨屏時代的
使用者導向設計第二版

作　　者：Jesse James Garrett
譯　　者：吳秉勳
企劃編輯：蔡彤孟
文字編輯：江雅鈴
設計裝幀：張寶莉
發 行 人：廖文良

發 行 所：碁峰資訊股份有限公司
地　　址：台北市南港區三重路 66 號 7 樓之 6
電　　話：(02)2788-2408
傳　　真：(02)8192-4433
網　　站：www.gotop.com.tw
書　　號：ACL051500
版　　次：2018 年 04 月初版
建議售價：NT$400

國家圖書館出版品預行編目資料

使用者經驗的要素：跨屏時代的使用者導向設計 / Jesse James
　　Garrett 原著；吳秉勳譯. -- 初版. -- 臺北市：碁峰資訊, 2018.04
　　面；　公分
　　譯自：The Elements of User Experience, 2nd Edition
　　ISBN 978-986-476-778-6(平裝)
　　1.網頁設計　2.網站　3.人機界面
312.1695　　　　　　　　　　　　　　　　　107004405

讀者服務

● 感謝您購買碁峰圖書，如果您
　對本書的內容或表達上有不清
　楚的地方或其他建議，請至碁
　峰網站：「聯絡我們」\「圖書問
　題」留下您所購買之書籍及問
　題。(請註明購買書籍之書號及
　書名，以及問題頁數，以便能
　儘快為您處理)
　http://www.gotop.com.tw

● 售後服務僅限書籍本身內容，
　若是軟、硬體問題，請您直接
　與軟體廠商聯絡。

● 若於購買書籍後發現有破損、
　缺頁、裝訂錯誤之問題，請直
　接將書寄回更換，並註明您的
　姓名、連絡電話及地址，將有
　專人與您連絡補寄商品。

● 歡迎至碁峰購物網
　http://shopping.gotop.com.tw
　選購所需產品。